LA

RICHESSE MINÉRALE

DE LA FRANCE

PARIS. — Typ. de Ad. Lainé et J. Havard, rue des Saints-Pères, 19.

LA

RICHESSE MINÉRALE

DE LA FRANCE

PAR

L. SIMONIN

INGÉNIEUR CIVIL DES MINES.

> La bonne exploitation des mines importe également à la société tout entière.... Elle intéresse par ses produits l'industrie et la défense nationale, tous les arts de la paix et de la guerre, que l'on ne compromettrait pas sans périls.
>
> HELLO, *du Régime constitutionnel.*

PARIS

NOBLET ET BAUDRY, LIBRAIRES-ÉDITEURS

15, RUE DES SAINTS-PÈRES, 15

1865

A MONSIEUR MICHEL CHEVALIER.

MONSIEUR,

Quand j'ai eu l'honneur de vous communiquer mon étude sur *la Richesse minérale de la France*, telle qu'elle a paru d'abord dans la *Revue nationale*, au mois de juin 1865, vous avez bien voulu me répondre quelques lignes qui ont été pour moi un précieux encouragement.

« . . . *J'ai remarqué avec plaisir*, disiez-vous, *cette conclusion* « *qui ressort tout naturellement de votre exposé, que le traité de* « *commerce n'a pas endommagé notre industrie de la houille, ni* « *celle du fer, qui sont pour à présent nos deux seules branches* « *sérieuses de l'industrie minérale.*

« *Je suis de votre avis, que l'industrie minière est trop régle-* « *mentée en France, trop asservie, car cette réglementation est* « *devenue une servitude.*

« *Nous sommes dans un temps où cet asservissement ne peut se* « *prolonger ; je pense avec vous qu'à son renversement nous verrons* « *la France révéler, mieux qu'elle ne l'a fait jusqu'ici, les richesses* « *métalliques diverses que la nature a enfouies dans son sein.* »

Espérons, Monsieur, que le jour de ce renversement ne tardera pas; car l'État n'a jamais mieux senti qu'à cette heure le besoin des réformes libérales. Dans de pareilles circonstances, le devoir de ceux qui ont fait d'une industrie l'objet de leurs préoccupations de chaque jour est de prendre la parole, si cette industrie est en souffrance, si elle exige quelque soulagement. C'est ce que j'ai essayé de faire pour l'industrie minérale à laquelle j'ai voué tous mes instants; et en réimprimant cette étude, telle qu'elle avait été écrite d'abord, c'est-à-dire avec plus de développements que n'en comporte une *Revue*, je suis heureux que vous m'ayez permis d'y inscrire en tête votre nom. C'est celui que l'on prononce tout d'abord quand il s'agit de liberté industrielle, et un si puissant patronage servira comme de laissez-passer, et portera bonheur à mon modeste travail.

Je suis, avec une respectueuse considération,

Monsieur,

Votre très-dévoué et très-reconnaissant serviteur,

L. Simonin.

Paris, 15 octobre 1865.

INTRODUCTION.

La terre végétale et les mines, comme l'ont dit les savants auteurs de la carte géologique de France, MM. Dufrénoy et Élie de Beaumont, sont les deux principales sources de la richesse territoriale. On ne saurait évaluer en effet le degré de prospérité matérielle d'un pays sans tenir compte de ces deux éléments. On peut même dire que l'agriculture et l'art des mines, qui est, lui aussi, une culture particulière du sol, en créant les matières premières, permettent seuls à l'industrie et au commerce de se développer. Sans eux, il n'y aurait pas d'échanges possibles et par conséquent pas de vie internationale. L'art des mines, en produisant les métaux précieux, fournit de plus au commerce la véritable base des échanges : l'or et l'argent, la monnaie. Enfin les métaux usuels sont indispensables aux progrès des arts et de la civilisation.

A toutes les époques, la richesse minérale d'une nation a joué un grand rôle dans son histoire. Si Rome fait la guerre à Carthage, ce n'est pas seulement pour lui disputer l'empire de la mer, c'est aussi pour s'emparer des mines d'or et d'argent de l'Espagne et de la Sardaigne. Les attaques répétées de Rome contre la Grèce et la Macédoine sont en partie dictées par un mobile analogue, ainsi que les historiens nous l'affirment. Au seizième siècle, les placers de l'Amérique attirent seuls les Espagnols vers le nouveau monde, et, de nos jours, c'est surtout la découverte des *diggings* et des *gold-fields* qui a permis de coloniser si heureusement la Californie et l'Australie.

La France n'offre rien, dans ses annales minéralogiques, qui lui vaille une pareille célébrité ; mais elle est dignement entrée, depuis le commencement de ce siècle, dans le courant industriel qui entraîne toutes les sociétés de l'Europe moderne, et qui a surtout pour base l'exploitation des mines. On peut dire que la France tient glorieusement sa place dans ce mouvement qui caractérise notre époque, si bien qu'il n'est plus permis à aucun de nous d'ignorer tous les progrès récents de notre industrie minérale. Depuis cinquante ans, l'extraction de la houille et la fabrication du fer se sont développées dans notre pays, comme du reste dans la plupart des États européens, suivant une progression des plus rapides. La production des autres métaux, jadis si prospère, a été malheureusement négligée, et c'est encore par celle de la houille et du fer, ces deux grands leviers d l'industrie et de la puissance politique des États modernes, que nous tenons surtout notre rang parmi les nations productrices de l'Europe. C'est donc par ce côté si plein d'intérêt qu'il convient de commencer l'étude de notre richesse minérale.

LA

RICHESSE MINÉRALE

DE LA FRANCE.

CHAPITRE PREMIER.

LA HOUILLE.

Principaux bassins houillers de France. Parallèle avec les nations rivales. — Ensemble d'une mine de houille. — Historique de nos principales houillères : Saint-Étienne, Anzin, le Creusot, Alais, Decazeville. — Production de la houille en France. Répartition par bassins houillers. — Importation, exportation. — Répartition de la consommation par départements et par nature d'établissements industriels. — Variétés de houille exploitées; quantité produite de chaque espèce; prix moyens de vente. — Causes de la prééminence industrielle de l'Angleterre et de la Belgique. — Nombre d'ouvriers employés ; qualités physiques et morales du houilleur. Les ouvriers et les compagnies ; caisses de secours. — Le traité de commerce et les houillères françaises.

Quand on jette un coup d'œil sur la carte géologique de France, cet admirable monument élevé par nos ingénieurs des mines à l'industrie nationale, on remarque au nord, au centre et au midi, et surtout disséminées autour d'une ligne méridienne qui passe environ à 100 kilomètres à droite de celle de Paris, une série de taches noires irrégulièrement délimitées. Ces taches, à la teinte conventionnelle, sont l'exacte représentation graphique de nos bassins houillers. Si nous lisons les noms gravés en regard, nous y retrouvons plus d'une localité connue et depuis longtemps parmi nous populaire. Ce sont, dans le midi, Alais, la Grand'Combe et Bességes ; au centre, Saint-Étienne et Rive-de-Gier, les plus productives de nos houillères ; puis Blanzy, le Creusot et Épinac ; au nord enfin, Valenciennes, où se rencontrent les mines de Denain et d'Anzin, marchant de pair avec celles de la Loire, et formant le prolongement du riche bassin de Liége, Namur, Charleroi et Mons qui fait la fortune de la Belgique.

A gauche des bassins précités s'en trouvent d'autres presque aussi importants : Aubin dans l'Aveyron, Commentry dans l'Allier ; puis çà et là des gîtes qui tiennent encore une assez large place dans notre production houillère : les bassins d'Aix dans les Bouches-du-Rhône, de Carmaux dans le Tarn, de Brassac dans le Puy-de-Dôme et la Haute-Loire, de Decize dans la Nièvre, de Graissessac dans l'Hérault, de Ronchamp dans la Haute-Saône, du Drac dans l'Isère. N'oublions pas non plus les bassins du Maine et de la Basse-Loire, enfin celui de la Sarre dans la Moselle, où vient finir souterrainement le fertile bassin de Sarrebruck dont s'enorgueillissent à juste titre la Bavière et la Prusse rhénane.

Tous ces gîtes, avec quelques autres beaucoup plus modestes et qui n'ont qu'une importance purement locale, tels que Littry dans le Calvados, Vouvant dans la Vendée, Fins dans l'Allier, Ahun dans la Creuse, Bouxwiller dans le Bas-Rhin, etc., etc., composent le bilan de nos bassins houillers. Ces bassins, on le voit, sont fort irrégulièrement répartis sur notre territoire ; ils n'ont qu'une faible étendue relative, on le devine par leur nombre même, et ils ne sauraient être comparés en aucune façon à ces inépuisables gîtes dont la nature a doté quelques pays privilégiés, la Belgique, l'Angleterre, la Prusse et surtout l'Amérique du Nord. Là-bas, tous les avantages réunis se rencontrent : le nombre et l'épaisseur des couches de combustible, le peu de profondeur de ces couches au-dessous du sol, l'étendue superficielle des gîtes partout beaucoup plus considérable qu'en France, excepté en Belgique, la facilité d'extraction et des transports, la certitude de débouchés presque indéfinis, l'absence de toute entrave administrative. Chez nous tous les inconvénients contraires pèsent sur cette industrie, et cependant, tant est grande l'activité et la souplesse de l'esprit national, tant le besoin et l'intérêt créent de ressources et permettent de surmonter d'obstacles, que nous n'avons rien à redouter, pour l'exploitation économique ou technique de nos mines de houille, d'un parallèle avec les nations rivales. Les faits ont même démontré que, pour l'excellence et l'ingéniosité des méthodes, la priorité nous était acquise. C'est là une assertion désormais hors de doute, à laquelle ont suffisamment répondu des enquêtes privées ou officielles conduites en dehors de tout esprit de parti.

Celui qui n'est jamais descendu dans une houillère s'est-il quelquefois demandé tout ce que le mineur devait déployer de patience, de courage et d'intelligence pour résister victorieusement à tous les éléments conjurés contre lui? Aux eaux qui font de tous côtés irruption, il sait opposer des pompes gigantesques mues par la vapeur, d'une force qui atteint jusqu'à six et huit cents chevaux ; ou bien des galeries d'écoulement, énormes drains, d'une longueur qui dépasse en quelques circonstances celle de nos plus longs tunnels, 5 et 6 kilomètres. Ces galeries, comme on le voit dans quelques mines anglaises, sont parfois transformées en véritables canaux, et servent ainsi au transport souterrain de la houille en même temps qu'à l'épuisement des eaux. Aux éboulements qui le menacent de tous côtés, le mineur résiste par des boisages ou des muraillements savamment établis; aux gaz inflammables et explosifs, il oppose le treillis métallique de la lampe de Davy; aux incendies spontanés qui s'allument au milieu du charbon, des barrages qui limitent le feu; aux amas d'eau, aux lacs souterrains, des digues qui les arrêtent; enfin, au manque d'air respirable, ou à la présence de gaz pernicieux, dans le dédale inextricable où il s'enfonce et circule, le houilleur répond par les machines soufflantes les plus variées et les plus ingénieuses. Pour tirer d'un puis vertical le plus de charbon possible à la fois, et satisfaire dans un temps donné à toutes les demandes des consommateurs, il a imaginé les engins les plus curieux, les mieux disposés, installé les plus fortes machines, si bien qu'aujourd'hui il n'est pas rare de voir sortir d'une seule *fosse* jusqu'à mille tonnes de houille par vingt-quatre heures, soit un million de kilogrammes !

A mesure que les travaux gagnent en profondeur, le temps que mettent les hommes à descendre et à remonter a été heureusement diminué au moyen de machines à double oscillation, véritables échelles mouvantes, dites *warocquères*, *fahrkunst* ou *men engines*, portant les hommes jusque dans les chantiers les plus bas, et les ramenant au dehors sans la moindre peine. Ainsi ont disparu les anémies si fréquentes chez les mineurs qui descendaient et remontaient chaque jour par des échelles fixes de 400 mètres et plus de hauteur, dignes d'être comparées à l'échelle de Jacob. Incessants sont les progrès réalisés par l'industrie houillère. N'est-ce pas à elle que nous devons les premières machines à vapeur et les premiers chemins de fer ? Pourquoi faut-il que, dans la plupart des cas, les travaux de nos mineurs demeurent obscurs et inconnus, et que nos mineurs eux-mêmes, ces braves et infatigables soldats des souterrains, non moins patients et courageux que leurs confrères de l'armée, n'attirent l'attention du public que lorsqu'un lamentable accident vient épouvanter toute une population et jeter des centaines de familles dans le deuil !

L'historique de nos principales houillères ne saurait être passé sous silence, car il est fécond en enseignements. Nous devons faire remarquer d'abord, d'une manière générale, que sur la plupart des bassins carbonifères les couches de combustible semblent avoir été connues de tout temps. Elles affleurent à la surface du sol, dans les champs, aux flancs des collines, et sur les talus des tranchées ouvertes pour donner passage aux routes. Les Romains eux-mêmes ont mis à nu quelques-unes de ces couches de houille dans l'exécution de leurs grands travaux hydrauliques. Ainsi ce fait s'est présenté dans la Loire, près de Rive-de-Gier et dans le Var, non loin de Fréjus ; mais les maîtres du monde ne paraissent pas avoir vu dans le charbon minéral autre chose qu'une pierre noire, s'allumant au feu, et y dégageant une odeur bitumineuse. Pendant le moyen âge, c'est au plus si quelques forgerons daignent recourir à ce combustible ; les foyers domestiques eux-mêmes répugnent à l'employer. Le moment n'est pas encore venu du déboisement des forêts et de la transformation radicale que les sociétés subiront par l'avénement de l'industrie. Mais, dès l'aurore du dix-neuvième siècle, un essor sans égal est donné tout-à-coup aux exploitations houillères. La modification profonde que les procédés anglais, si vite adoptés chez nous, apportent alors dans la fabrication du fer, en substituant la houille au charbon de bois, est la principale cause du développement subit imprimé aux mines de charbon. L'introduction du combustible minéral dans la fabrication du verre, des glaces, de la porcelaine, des briques, de la chaux et du ciment ; l'usage jusqu'ici exclusif qu'on en fait pour la préparation du gaz d'éclairage, en même temps qu'il est d'un emploi presque absolu dans le chauffage des machines à vapeur : machines fixes, machines de bateau, machines locomotives ou locomobiles ; enfin le transport rapide et économique par chemins de fer et l'adoption de la houille dans tous les foyers des usines et jusque dans les foyers domestiques, tout cet ensemble de circonstances agissant presque simultanément concourt aussi à donner à l'exploitation de nos houillères une impulsion de plus en plus féconde. Le chiffre de l'extraction a depuis été sans cesse croissant, et l'on ne sait où il s'arrêtera en France comme dans tous les autres pays industriels.

Si des phénomènes généraux nous descendons aux cas particuliers, nous trouvons partout une preuve saisissante des miracles opérés par l'industrie houillère et des changements heureux qu'elle apporte avec elle dans tout pays où elle s'introduit. On peut dire qu'elle transforme, régénère et crée. Quelquefois les champs souffrent de son voisinage, mais elle fait tant de bien pour un peu de mal qu'elle cause ! Au commencement du dix-septième siècle, Saint-Étienne n'était qu'une bourgade habitée par quelques centaines d'ouvriers, experts dans l'art de forger les armes et les outils. Deux siècles après, la ville renferme à peine 20,000 habitants, bien qu'à la fabrication des armes se soit jointe celle de la grosse quincaillerie et le tissage des rubans. Mais à peine les houillères de cet intéressant district se développent-elles par la fabrication du fer à l'anglaise, que la ville voit augmenter de plus en plus sa population. Le chiffre en dépasse aujourd'hui 100,000 habitants, au point que l'État, faisant enfin justice à des demandes réitérées, a dû transférer en 1855 le chef-lieu du département de la Loire de Montbrison à Saint-Étienne. Il y a deux siècles, quand Saint-Étienne n'était encore qu'un modeste village, Rive-de-Gier et Givors n'existaient pas ; aujourd'hui ce sont des villes importantes. Saint-Chamond n'était célèbre que par son immense château fort, relevant des comtes de Forez ; le château est maintenant en ruines, mais à ses pieds s'élève une ville, que la production et le commerce du charbon, encore plus que la fabrication des lacets de soie, ont rendue populeuse et prospère.

Les houillères de la Loire ont été pour la France, comme l'a fort bien remarqué M. A. Burat, le berceau de tous les genres d'usines sidérurgiques qui produisent les matières premières : hauts-fourneaux, forges, aciéries, et de toutes celles qui amènent ces matières premières aux façons les plus complexes, les plus délicates, telles que les armes de toutes natures, les pièces de taillanderie, serrurerie, quincaillerie, etc. Il est bon d'ajouter que c'est encore aux houillères du département de la Loire que nous devons les deux premiers chemins de fer qui se soient faits en France : celui de Saint-Étienne au pont d'Andrézieux sur la Loire, concédé en 1823, qui fut tracé comme une route ordinaire avec des pentes très-fortes et desservi par des chevaux ; et celui de Saint-Étienne à Lyon, concédé en 1826, qui fut notre premier chemin de fer à locomotives. On pensait encore si peu, à cette époque, au transport des personnes sur les railways, que ces deux chemins de fer ne furent établis qu'en vue du mouvement des houilles. On ignorait alors que le plus productif des colis serait le voyageur, et quand on parlait dans les chambres, en 1834, d'établir des chemins de fer rayonnant de Paris sur la province, un ministre allait jusqu'à prétendre qu'on en ferait bien quatre à cinq lieues par an, et que ces voies nouvelles ne seraient bonnes qu'à divertir les badauds de la capitale accourus au passage de la locomotive ! M. Perdonnet, dans son *Traité des chemins de fer*, a pris soin de recueillir ce fait qui mérite d'être rappelé.

Quelle animation, quelle vie dans ce bassin houiller de la Loire, région naguère agricole, aujourd'hui presque entièrement industrielle ! Quand on va de Lyon à Saint-Étienne par le chemin de fer qui, côtoyant le Rhône jusqu'à Givors, remonte ensuite la belle vallée du Gier aux collines boisées et verdoyantes, on ne tarde pas d'arriver dans le district des mines de houille. Cette région commence, à proprement parler, à Rive-de-Gier. A partir de ce point, ce ne sont que puits de mine ouverts dans la campagne, et dont les *chevalements,* charpentes aux formes massives, étranges, soutiennent les *molettes,* énormes poulies de fonte sur lesquelles passe le câble. A celui-ci sont attachées les *bennes,* sortes de cuves ou tonneaux qui montent et descendent dans le puits, et versent le charbon à l'orifice. Sur des installations plus perfectionnées, on remarque les puits *guidés,* où les bennes, étagées les unes au-dessus des autres, glissent le long de deux tiges fixes parallèles à l'axe du puits, où le câble plat, souvent en fil d'aloès ou en fil de fer, remplace le traditionnel câble rond en chanvre ; où la *bobine,* sur laquelle s'enroule le câble, tient si avantageusement lieu de l'antique tambour, où enfin l'emploi judicieux du *parachute* prévient les effets du décrochage des tonnes circulant dans le puits, et annule tout accident pour les hommes ou le matériel.

A côté des puits d'extraction sont les halles de triage, de mesurage et de dépôt, autour desquelles vont et viennent les ouvriers du dehors ; puis les appareils de lavage destinés à débarrasser le combustible de ses dernières impuretés; les ateliers où l'on comprime les *menus* en boudins ou briquettes, enfin la longue ligne des fours à coke où l'on carbonise la houille et dont les feux, la nuit, brillant en divers points de l'horizon, feraient croire qu'on traverse une contrée volcanique aux fumerolles enflammées. Les villes sur le parcours, Rive-de-Gier, Saint-Chamond, sont loin d'offrir un aspect agréable à l'œil. Ici le touriste n'a que faire, tout est livré à l'industrie du houilleur. Les rues sont pleines d'une boue noire et épaisse, les façades des maisons sont noircies par la fumée et la poussière du charbon. Cette poussière pénétrante ne respecte rien ; les feuilles des arbres, le linge, le visage de l'homme, elle salit et noircit tout, et le bourg de *Terre-Noire,* que l'on rencontre en chemin, porte dignement son nom. Aux abords des gares et des centres de population, se pressent les lourds véhicules pesamment chargés, charrettes ou wagons. Souvent le chemin de fer lui-même traverse la rue, où les rails, par droit de conquête, s'alignent sur la chaussée. Les cheminées des usines envoient dans l'air leur panache de flamme et de fumée, le bruit métallique du marteau et des laminoirs résonne de tous côtés ; les fictions de l'antiquité ont pris un corps : on dirait le pays des Cyclopes. C'est le pays de nos houilleurs, ouvriers pleins d'énergie, rompus à la fatigue, froids, disciplinés, comme si la continuelle habitude du danger, et la pratique journalière de la vie souterraine, donnaient naturellement à l'homme toutes ces qualités solides sans lesquelles il n'est point de bon mineur. Voyez-les passer le soir, au sortir du puits ou de la *fendue*, la lampe à la main, la démarche alourdie par leur dur travail, la face noircie, les habits et le chapeau couverts de boue. Ils rentrent dans leurs familles, calmes, silencieux; voyez-les passer, et saluez en eux les obscurs et courageux soldats de l'industrie.

Le spectacle offert par le bassin houiller de la Loire est le même sur tous les bassins français, le même aussi en Belgique, en Angleterre et jusque dans l'Amérique du Nord. Partout l'industrie houillère affecte un caractère d'uniformité très-frappant. Ainsi, le bassin de Valenciennes, autour de Denain et d'Anzin, présente le même tableau que le bassin de Saint-Étienne autour de Rive-de-Gier et de Saint-Chamond. Mais si de nouvelles descriptions ne prêteraient qu'à des redites, que d'enseignements encore dans l'historique de nos mines du Nord! Que de patience, de courage et d'argent ont été nécessaires, unis à tant d'intelligence, pour doter la France de cet inépuisable gisement, qui à lui seul fournit plus du quart de notre production totale! Ici le bassin est entièrement souterrain, rien ne le révèle aux regards, et il a fallu toute une perspicacité de géologue, alors que la géologie était encore à naître, pour arriver à la découverte du gîte.

En 1716, un Belge, le vicomte Désandrouin, ayant remarqué que les couches du terrain houiller de Belgique suivaient une direction constante, allant de l'est à l'ouest, et pénétraient dans le Hainaut français sous les terrains de craie, eut l'idée de traverser ces terrains par des puits, et de rechercher la houille au-dessous. En moins de quatre ans ses recherches furent couronnées de succès; mais des nappes d'eau très-abondantes inondèrent les travaux, et il fallut inventer pour les combattre ces merveilleux blindages en bois qu'on a nommés des cuvelages. C'est là aussi que fut pour la première fois appliquée en France la machine à vapeur qui venait d'être découverte sur les mines d'Angleterre par Savery et Newcomen. Du reste, on ne rencontra d'abord que des houilles maigres, de mauvaise qualité, et ce ne fut qu'en 1734, après dix-huit années d'efforts continus, et de difficultés sans nombre à la fin heureusement surmontées, que les recherches aboutirent entièrement. Il était temps, les mines d'Anzin étaient trouvées, mais le vicomte Désandrouin et ses courageux associés y avaient dépensé presque toute leur fortune. Il est inutile de s'appesantir sur les diverses péripéties par lesquelles dut passer encore cette exploitation, avant de devenir la brillante affaire que chacun connaît. C'est le propre de presque toutes les entreprises de ce genre, de ne récompenser que la deuxième et souvent la troisième génération de mineurs qui s'attachent à les poursuivre. Disons seulement que, dans ces dernières années, des recherches analogues à celles que le vicomte Désandrouin avait le premier commencées autour de Valenciennes ont été reprises au voisinage de Douai, continuées dans le Pas-de-Calais, vers Lens et Béthune, que là encore le succès est venu couronner de longs et courageux efforts, et que cette réussite a été la source, pour tous nos départements du Nord, de fortunes subites, inespérées, et d'une prospérité industrielle presque sans limites.

L'historique des bassins houillers de Saône-et-Loire, du Gard et de l'Aveyron, rappelle par quelques points celui des bassins de Valenciennes et de Saint-Étienne. Partout ce n'a été qu'après les plus persistantes recherches, les plus patients efforts, que les mineurs sont arrivés à leurs fins. Dans le bassin de Saône-et Loire, nous trouvons le Creusot, vallée triste et inhabitée il y a un siècle, aujourd'hui centre industriel des plus actifs, où l'extraction et le transport de la houille et du minerai de fer, la fabrication de la fonte et du fer, la construction des machines, occupent au-delà de 10,000 ouvriers. L'établissement industriel du Creusot est l'heureux rival des établissements les plus fameux en ce genre dans le monde. La Belgique, l'Angleterre, les États-Unis, n'ont rien à lui opposer qui vaille mieux. La date d'une situation si florissante est nouvelle. Ce n'est qu'à partir de 1837, et grâce à l'habile direction de M. Schneider, que les industries du Creusot ont commencé à donner de fructueux résultats.

Dans le Gard, la prospérité des houillères d'Alais et de la Grand'-Combe est de date tout aussi récente : elle n'a véritablement commencé que le jour où un chemin de fer a relié ces gisements au Rhône en 1840. Alais, qui jusque-là n'avait marqué dans l'histoire de nos provinces du Midi que par les guerres religieuses et le commerce de la soie, est devenu depuis une ville essentiellement industrielle, où les vieilles querelles entre catholiques et protestants se sont assoupies, où l'importance des magnaneries a peu à peu disparu devant celle des usines métallurgiques. Bességes, Portes et Sénéchas, n'ont pas tardé à suivre la voie d'Alais et de la Grand'-Combe, et aujourd'hui le département du Gard, naguère presque oublié, est classé parmi les départements les plus intéressants de France, ceux où l'industrie minérale a fait les plus grands progrès. Ainsi le Gard vient en troisième ligne dans notre production houillère, ne se laissant devancer que par les départements de la Loire et du Nord, qui marchent tous les deux en tête, contribuant chacun pour plus du quart au chiffre de l'extraction totale.

Le bassin d'Aubin, dans l'Aveyron, ne compte également dans l'industrie nationale que depuis une trentaine d'années. Decazeville doit son origine à un ministre de la Restauration, et ce n'est que depuis 1826, époque où furent commencées les fonderies et les forges à l'anglaise qui viennent d'être si fâcheusement arrêtées, que les mines de houille de l'Aveyron reçurent leur premier développement. Dans ces mines on eut aussi l'avantage immédiat de rencontrer en plus grande abondance qu'à Saint-Étienne et au Creusot ce fer carbonaté lithoïde, dit minerai des houillères, si répandu dans les mines anglaises, dont il n'a pas peu contribué à assurer l'étonnante fortune.

Partout il a fallu au début, pour favoriser l'extraction de la houille, s'attacher à en consommer sur place la plus grande quantité. Les usines sidérurgiques qui, pour un poids donné de fer, consomment jusqu'à cinq fois le même poids de houille, sont celles que l'on a d'abord érigées dans le voisinage des mines de charbon. Ainsi se sont fondés les grands établissements de Terre-Noire, Saint-Chamond, Givors, le Creusot, Alais, Decazeville, Commentry, Denain, Anzin et tant d'autres. Des verreries, des cristalleries, des fabriques de glaces se sont également établies autour des plus importantes houillères. Enfin, dans certaines localités, comme dans les mines de la basse Loire et celles de Sarthe et Mayenne (bassin du Maine), on a employé à fabriquer de la chaux, pour l'amendement des terres siliceuses de ces contrées, un charbon d'un écoulement difficile. Tout le secret de la bonne exploitation des houillères est là : quand la qualité du combustible ne se prête pas à un transport lointain, ou que les voies de transport elles-mêmes sont défectueuses, transformer la houille en une autre matière : fer, produit de verreries, chaux etc., d'un placement immédiat ou du moins plus facile et plus assuré.

La quantité totale de houille produite par toutes nos mines était en 1864 de 11 millions de tonnes métriques (1) (la tonne étant de 1000 kilogrammes). Cette quantité est allée toujours en augmentant, et

(1) C'est le chiffre donné par le dernier *Exposé de la situation de l'Empire*. Cette quantité n'est encore que le huitième de celle produite par l'Angleterre; c'est un peu moins de ce que fournissent la Belgique et la Prusse chacune séparément, et la moitié de ce que donnent annuellement les États-Unis.

La superficie houillère de la France est de 300,000 hectares; celle de la

l'on s'est assuré, par la comparaison d'états statistiques soigneusement dressés depuis 1815, c'est-à-dire depuis l'époque où la grande industrie s'est établie en France, que le chiffre de notre production houillère a été en doublant environ tous les quinze ans.

On peut suivre dans le tableau suivant la loi de cette progression :

Années.	Chiffres de l'extraction en tonnes de 1000 kilogrammes.
1815.	950,000
1830.	1,800,000
1843.	3,700,000
1859.	7,300,000

Comme rien n'indique que la loi de cette progression doive jamais se démentir, il est probable que toutes nos houillères seront assez promptement épuisées, c'est-à-dire dans deux ou trois siècles. (Voir le § II de l'*Appendice*, à la fin du volume.)

Si l'on tient à savoir comment se répartit exactement la production de la France par bassins houillers, il faut remonter à l'année 1859, dernière date officiellement connue par le résumé des travaux statistiques de l'administration des mines (1). La production était alors de

---

Prusse est à peu près égale ; celle de la Belgique moitié moindre. La surface des bassins houillers des Iles-Britanniques est quintuple, et celle des États-Unis centuple de celle des bassins français ; mais on comprend que, pour une foule de raisons, la production d'un bassin houiller ne soit pas en rapport avec la superficie qu'il occupe. C'est le volume, le gisement et la qualité d'un combustible qui règlent surtout le chiffre de l'extraction. D'immenses superficies houillères peuvent ne renfermer qu'un combustible peu abondant, très-profond et de fort mauvaise qualité ; quelquefois même pas du tout de houille, mais seulement les grès et les schistes du terrain carbonifère.

(1) Il est fâcheux qu'il faille remonter jusqu'à l'année 1859 pour connaître notre situation houillère, et que le mouvement de notre production en combustibles minéraux ne nous soit pas dévoilé tous les ans. Notre administration des mines, bien différente en cela des administrations rivales de la Belgique et de l'Angleterre, ne nous dispense, depuis 1848, la statistique de l'industrie minérale française qu'avec la plus incroyable lenteur. Ainsi nos renseignements les plus récents ne remontent qu'à 1859, alors que pour l'Angleterre et la Belgique, ceux même de 1864 ont déjà été publiés. (Voir § I de l'*Appendice* la statistique de l'industrie minérale pour tout le Royaume-Uni en 1864.) La Direction des mines est, chez nous, cependant bien informée, car tous les chiffres arrivent ponctuellement et par trimestres chaque année dans les cartons du ministère des travaux publics, d'où l'on n'a qu'à les tirer. Faisons au moins aussi bien sur ce point, non pas seulement que l'Angleterre et la Belgique, mais même que l'Espagne, l'Autriche, la Prusse et la Russie, qui publient également d'une façon régulière le bilan de leur industrie minérale.

7 millions et demi de tonnes métriques en nombre rond. Dans ce chiffre, le bassin de la Loire et celui de Valenciennes entraient chacun pour plus de 2 millions de tonnes, celui d'Alais pour plus de 850 mille, celui du Creusot et de Blanzy, et celui de Montluçon et Commentry chacun pour plus de 400 mille, celui d'Aubin pour plus de 300 mille, celui d'Épinac pour 150 mille, les bassins d'Aix, de Carmaux, de Brassac et du Maine, les deux premiers pour un peu plus de 100 mille, les deux seconds pour un peu moins. Enfin, une soixantaine d'autres bassins, véritables lambeaux houillers, disséminés un peu partout à la surface de notre territoire, apportaient un contingent de près de 800 mille tonnes dans notre production nationale.

Malgré l'étonnante ascension à laquelle il obéit, le chiffre de notre production houillère est loin d'égaler celui de notre consommation, qui marche dans une progression encore plus rapide. Nous tirons chaque année de l'étranger pour près de 6 millions de tonnes de houille : c'est plus de la moitié de notre production actuelle ou du tiers de notre consommation totale. La Belgique, la Grande-Bretagne et les provinces Rhénanes suppléent à notre déficit, la première pour les trois cinquièmes, les deux autres chacune pour un cinquième à peu près.

En présence d'une importation si considérable, on comprend que le chiffre de notre exportation soit insignifiant.

Ainsi, en 1859, il n'a pas dépassé 178,000 tonnes, soit un peu plus du quarantième de la production. Les bassins qui prennent part à ce trafic sont ceux du Nord, de la Haute-Saône, de l'Isère, de la Loire, du Gard, et les points vers lesquels se dirige l'exportation sont les pays limitrophes de nos frontières du nord, de l'est, et les contrés baignées par la Méditerranée.

En cherchant comment se répartit la consommation de la houille en France, on trouve d'abord, et c'est d'un heureux présage, que tous nos départements font usage du combustible minéral; ce sont d'ailleurs les départements du Nord, de la Seine, de la Loire, de la Moselle, du Pas-de-Calais, du Gard et du Rhône qui occupent les premiers rangs.

Le Nord seul, en 1858, a brûlé pour plus de 2 millions de tonnes de houille, le sixième de la consommation générale de la France. Dans la même année, le département de la Seine en a consommé pour plus de 1 million; celui de la Loire, 900 mille tonnes; celui de la Moselle, 750 mille; le Pas-de-Calais, 700 mille; le Gard et le Rhône, chacun 500 mille. Dans ce dernier département, la consommation s'est maintenue à très-peu près stationnaire de 1853 à 1858, tandis qu'elle est allée dans les autres sans cesse en croissant, souvent dans une progression très-rapide.

A la suite des sept départements qui consomment à eux seuls plus de la moitié de la houille produite ou importée en France, viennent les départements de l'Aisne, de l'Allier, de l'Aveyron, des Bouches-du-Rhône, de Saône-et-Loire et de la Seine-Inférieure dont la consommation variait, en 1858, de 250 mille à 500 mille tonnes. Quant aux départements placés au dernier degré dans l'échelle de la consommation houillère, ce sont le Gers et les Hautes-Pyrénées dont les besoins n'ont pas réclamé, à l'époque qui nous occupe, plus de 400 tonnes. La cause de cette infériorité n'est que relative; elle n'est pas due, comme on pourrait peut-être le croire, à l'absence de toute industrie locale, mais bien à l'éloignement des houillères et à la difficulté des transports. Dans tous les cas, que les temps sont loin où la Sorbonne, au seizième siècle, excommuniait, pour cause de vapeurs malignes et sulfureuses, les charbons que les mines belges et anglaises essayaient d'envoyer à Paris, et où une ordonnance royale défendait aux maréchaux, sous peine de prison et d'amende, d'employer dans leurs ateliers le charbon de pierre ou de terre! Au siècle suivant l'interdit fut levé, mais la classe bourgeoise, excitée sans doute par les médecins, se refusa, avec une sorte de parti pris, à l'emploi de la houille dans les foyers domestiques. Sur la fin du siècle dernier, malgré la rareté et la cherté du bois devenue presque partout générale, cet état de choses durait encore. On accusait le charbon de vicier l'air, d'occasionner des maladies de poitrine, de noircir le linge presque dans les armoires, et d'altérer, crime irrémissible, la fraîcheur des visages féminins. Aussi, jamais nos houillères ne seraient arrivées au point de prospérité et de développement qu'elles ont atteint, si elles n'avaient eu pour stimulant la fabrication du fer à l'anglaise, les consommations des ateliers industriels et des machines à vapeur.

Quand on étudie, en effet, comment se répartit la consommation de la houille en France d'après les établissements qui font usage du combustible minéral, on reconnaît qu'en première ligne se présentent les fonderies métallurgiques, les usines, les fabriques, les manufactures, qui réclament à peu près les deux tiers du chiffre de la consommation totale; en seconde ligne vient le chauffage des établissements publics et des habitations pour le sixième environ de ce chiffre; puis les chemins de fer et la navigation pour le neuvième; enfin l'industrie des mines, minières et carrières pour le trentième seulement.

Toutes les variétés de charbon minéral se retrouvent dans les bassins français. Ce sont, en commençant par les charbons de formation géologique plus ancienne, les *anthracites*, houilles sèches, brûlant sans flamme comme le coke, et composées presque entièrement de carbone ; les *houilles dures*, ne contenant guère plus de matières gazeuses que les précédentes et bonnes comme elles pour les fours à cuve, là où il faut une grande chaleur et pas de flamme ; les *houilles collantes* ou *maréchales*, recherchées pour les feux de forge et la maréchalerie ; les *houilles grasses*, les meilleures pour la fabrication du gaz et du coke ; les *houilles maigres*, excellentes pour les fours à grille parce qu'elles donnent une longue flamme et ne collent pas ; enfin les *lignites*, dont quelques variétés, les seules industrielles, se rapprochent des houilles maigres ; d'autres rappellent le bois, *lignum*, carbonisé ou desséché (1).

Les variétés qui dominent dans nos exploitations sont les houilles grasses et maigres, celles dont l'industrie fait le plus grand emploi. Elles forment les sept dixièmes de la production. Sur quelques mines, par exemple celles de la Loire, la qualité en est égale à celle des meilleures houilles anglaises, et c'est après la constatation officielle de ce résultat que le gouvernement s'est enfin décidé à admettre partout nos houilles dans les fournitures de la marine militaire, à l'exclusion des houilles anglaises précédemment seules adoptées. Voici d'ailleurs comment se répartit le chiffre de notre production au point de vue de la qualité des com-

(1) En calcinant, dans un creuset couvert, ces diverses variétés de combustible, on arrive au tableau suivant pour la moyenne des résultats obtenus :

	Résidu fixe. (Carbone et cendres)	Matières volatiles. (Eau, bitume, gaz)
Anthracites.	90	10
Houilles dures. . .	80	20
Houilles collantes. .	70	30
Houilles grasses. . .	65	35
Houilles maigres. .	55	45
Lignites.	45	55

Un simple essai, que l'on peut faire partout, permet donc de classer immédiatement un combustible et de déterminer son emploi. Au reste l'aspect d'une houille suffit pour la nommer presqu'à la première vue. Les anthracites et les houilles dures ont une apparence de *pierre* et ne tachent pas les doigts. Les houilles collantes, grasses et maigres, les deux premières surtout, tachent les doigts, donnent beaucoup de menus, et ont une apparence de *terre*, enfin les lignites présentent d'ordinaire la structure fibreuse du *bois*.

bustibles et pour une extraction de 10 millions de tonnes, qui est celle de 1863 :

	Tonnes.
Anthracites.	800,000
Houilles dures. [1].	1,400,000
Houilles collantes.	600,000
Houilles grasses.	4,000,000
Houilles maigres.	3,000,000
Lignites.	200,000

Le prix moyen de vente des charbons français, sur le *carreau* même des mines, oscille entre 10 et 12 fr. la tonne. Il y a peu de différence pour chaque variété. Sur la plupart des lieux de consommation le prix est souvent triple et quadruple de ce qu'il est sur les mines, tant le coût des transports vient augmenter la valeur du combustible. Sur quelques autres points le combustible acquiert une valeur telle (60 fr. la tonne et au delà) que l'emploi en devient presque impossible. Ce fait est sans exemple en Belgique et dans toute la Grande-Bretagne. Il donne la raison de la prééminence industrielle de ces deux pays, en démontrant clairement combien ils sont plus favorisés que le nôtre, non pas seulement au point de vue de la géologie houillère, mais encore pour la facilité des transports. En Angleterre, en Belgique, les canaux, les chemins de fer, les routes de terre se croisent en tous sens, couvrent le pays d'un immense réseau, qui resserre encore ses mailles aux abords des mines et des usines. L'Angleterre joint à tant d'avantages le développement de ses côtes, le long desquelles s'alignent les ports et les gîtes houillers, de telle façon qu'il n'est pas rare de voir le même wagon qui sort de la mine venir se vider dans les bateaux.

Le nombre des ouvriers employés sur nos mines de houille atteint à près de 100,000, et le salaire moyen de la journée de travail est de plus de 3 fr. Cette population est bonne, intelligente, bien disciplinée. Il est rare qu'elle se mette en grève. Habitué à la vie souterraine, le mineur des houillères est d'ordinaire sobre, calme, patient. Le travail des mines, contrairement à ce qu'en pense le vulgaire, n'a rien qui rappelle le travail de l'esclave ; il exerce à la fois les qualités morales et physiques de l'ouvrier. Au moral, le mineur s'habitue à l'exactitude, à l'obéissance ; son intelligence est sans cesse en jeu dans la poursuite de l'œuvre à laquelle il prend part, tandis que le labeur quotidien développe toutes ses facultés corporelles. Ceux de nos houilleurs qui ont commencé jeunes le métier, plus encore que les paysans de nos campagnes, offrent de véritables types athlétiques.

L'intempérance est un vice assez rare dans cette classe de travailleurs; le mineur rentre chez lui fatigué et s'endort. S'il fréquente le café, le cabaret, ce sont les jours de paye seulement, c'est-à-dire chaque quinzaine ou chaque mois, quelquefois aussi le dimanche, enfin le grand jour de la Sainte-Barbe, patronne des mineurs, aussi bien que des canonniers et des marins.

Les diverses compagnies houillères veillent avec une sollicitude toute paternelle sur le sort de leurs ouvriers. Des caisses de secours ont été partout établies. Les compagnies y contribuent par des dons et les ouvriers par une faible retenue sur leur salaire quotidien, ou par le produit des amendes auxquelles donne lieu l'infraction aux règlements en vigueur sur chaque mine. Ces caisses de secours qui fonctionnent, on peut le dire, sous la surveillance des mineurs eux-mêmes, ont permis d'accorder gratuitement à l'ouvrier malade les soins du médecin et les remèdes; en outre, une rétribution journalière qui est moyennement d'un franc. Quand des blessures nécessitent une amputation grave, ne permettant plus aucun travail, l'ouvrier voit cette pension se continuer sa vie durant. S'il meurt dans un accident de mine, la compagnie prend soin de ses enfants, et fait également une pension à sa veuve. Enfin on n'oublie pas non plus les ouvriers âgés ou infirmes.

La sollicitude des exploitants pour des hommes sans cesse exposés, sans cesse en péril, ne s'est pas bornée là. Dans la plupart des cas, les compagnies ont également songé aux soins de l'âme et de l'esprit. Elles ont fait bâtir à leurs frais des églises, et ont ouvert des écoles, qu'elles ont dotées de cours gratuits pour les enfants et les adultes des deux sexes. Les compagnies ont ainsi répondu dignement à leur mission. Le travail vient d'en bas, la lumière et l'aide d'en haut. Des secours si noblement distribués n'ont rien qui dégrade celui qui les reçoit. C'est de cette seule façon qu'à notre époque doit s'exercer la bienfaisance, par une sorte de patronage déguisé; pas d'aumône, mais la protection la plus large, la plus libérale, l'instruction surtout, voilà ce qu'il faut garantir à l'ouvrier.

Si, descendant maintenant du côté social et humanitaire de la question, nous abordons les considérations économiques, nous y verrons qu'au point de vue de l'exploitation en général comme au point de vue des travailleurs, la France a lieu d'être satisfaite de la position qu'elle occupe dans l'industrie houillère. En 1860, les adversaires du traité de commerce avec l'Angleterre nous avaient menacés d'une complète invasion des houilles étrangères. Leurs prédictions ne se sont pas réalisées. Quoique la France, par ses frontières du nord, soit ouverte aux houilles de la Belgique ; par celles de l'est, aux houilles des provinces Rhénanes ; par ses rivages enfin aux houilles britanniques, on a vu que nos mines ont toujours fourni pour une part plus large à la consommation intérieure. En même temps, la prospérité industrielle du pays est allée toujours grandissant. Cette prospérité, que l'on peut mathématiquement mesurer par la consommation de la houille, a décuplé en 40 ans : en 1857, la France consommait dix fois plus de charbon qu'en 1817. Ainsi, tandis que notre production double environ tous les 15 ans, notre consommation suit une voie bien plus rapide, signe évident d'un essor industriel des plus remarquables. Et si notre production n'a jamais marché au niveau de la consommation, la faute en est d'abord à la géologie, car nos mines de houille sont loin d'être aussi favorablement situées et aussi largement dotées par la nature que les mines belges, prussiennes et anglaises; la faute en est ensuite au gouvernement qui, par une très-mauvaise interprétation de la loi qui régit les mines, accable les exploitants d'entraves ; il ne fait peut-être pas non plus tout ce qu'il doit pour faciliter les transports à la surface du pays. Sans l'achèvement de nos voies ferrées, non pas seulemont des grands réseaux, mais des lignes de deuxième et troisième ordre, ce qu'on nomme aujourd'hui les chemins de fer départementaux ; sans l'amélioration de nos voies navigables, fleuves, rivières ou canaux, sur lesquels il faut supprimer aussi tous les droits de péage ; sans la création de chemins vicinaux, reliant les mines perdues aux centres les plus voisins de consommation, enfin sans l'abaissement des tarifs sur toutes les voies de transport, et la diminution et même l'abolition de quelques droits d'octroi portés à des taux excessifs, une partie de notre richesse houillère restera toujours inexploitée. Le rêve de beaucoup d'économistes, d'équilibrer notre consommation par notre production, ne sera ainsi jamais réalisé. Il est vrai que l'on est bien revenu aujourd'hui sur la portée que l'on attribuait autrefois à ces sortes de balances, car, si la France reçoit du charbon de l'étranger, elle lui adresse autre chose en échange. N'oublions pas toutefois que, dans ces dernières années, la houille a été déclarée contrebande de guerre, et que, par conséquent, il peut y avoir intérêt pour nous, à un moment donné, à suffire de ce côté à tous nos besoins.

Si jamais une guerre européenne nous privait de l'appoint en combustible que nous tirons de l'étranger, non pas pour l'approvisionnement de notre flotte militaire, aujourd'hui partout alimentée par les houilles indigènes, mais pour celui de l'industrie privée, espérons que la France, dans un de ces élans énergiques dont elle a déjà donné tant de preuves, saurait tout à coup faire marcher de pair sa production avec sa consommation houillère. C'est ainsi que, lors des grandes guerres de la république, elle a su tirer à la fois de son sol le plomb qu'elle n'exploitait plus; le salpêtre qu'elle n'avait jamais fabriqué en grand; la soude, dont le beau procédé de Leblanc dota le pays d'une industrie nouvelle, et fit à jamais disparaître le monopole des *barilles* espagnoles.

A quelque école économique que l'on appartienne, on ne peut s'empêcher de faire des vœux pour que la production houillère de la France continue à suivre sa voie ascendante, et arrive enfin, s'il est possible, à équilibrer la consommation. La houille, n'est-ce pas l'âme de toutes nos machines, de presque tous nos navires, de tous nos chemins de fer? N'est-ce pas elle qui éclaire nos villes, qui est l'agent réducteur de tous les métaux, elle enfin qui fournit le calorique à tous les foyers, ceux de nos maisons aussi bien que ceux des plus grandes usines? n'est-ce pas de la houille enfin que l'on a retiré dans ces derniers temps pour la teinture les plus vives et les plus solides couleurs? A la fois lumière, chaleur, force, la houille est devenue la base de la prospérité et de l'importance des États. Quelle serait en Europe la situation politique de la France, si la Providence lui avait refusé le combustible minéral qu'elle a départi avec une si grande générosité à tant d'autres pays?

CHAPITRE II.

LE FER.

Division des mines de fer françaises en trois classes : mines d'alluvion, mines en couches, mines en filons. — Antiquité des exploitations. — Les feux catalans et les hauts-fourneaux. — La fonte, le fer et l'acier. — Aspect des grandes usines de fer. — Statistique de l'industrie sidérurgique française. — Les forges du Creusot. — Principaux départements producteurs en fonte, fer et acier. — Des ouvriers employés dans l'industrie du fer. — Le traité de commerce et la métallurgie française.

Les mines de fer occupent par leur nombre, leur étendue et le chiffre de leur production, le second rang parmi les mines françaises. Elles sont disséminées un peu partout à la surface de notre territoire. Encore plus que dans les houillères, les gîtes sont épars et ne semblent obéir dans leur dispersion à aucune loi. Mais, en tenant compte de la composition chimique des minerais et de l'allure géologique des gîtes, ces mines peuvent se diviser en trois classes : les mines en amas, les mines en couches, les mines en filons. Les premières comprennent des hydroxydes de fer (combinaison de fer, de gaz oxygène et d'eau) en masses poreuses, de couleur noire, brune ou jaunâtre, ou en grains arrondis, généralement couleur de rouille, liés entre eux par un ciment ferrugineux. Ces mines se retrouvent dans les terrains d'alluvion à l'état de poches, de nids, d'amas dans des sables et des argiles. On les rencontre aussi en masses agglomérées dans les terrains tertiaires qui servent ordinairement de base au dépôt des alluvions. Les minerais sont purs, bien que renfermant quelquefois un peu de phosphore, de soufre, ou un excès d'alumine, et donnent, hors ces trois cas, d'excellent fer. Leur teneur varie de 20 à 40 pour 100 en fer métallique. Les minerais pisolitiques, ainsi nommés parce qu'ils sont composés d'autant de petites boules désagrégées, en forme de pois, appartiennent d'ordinaire à la catégorie des minerais d'alluvion.

Les mines en couches ou stratifiées gisent d'habitude dans les terrains dits de craie et du Jura, ainsi appelés à cause de leur composition dans le premier cas, et, dans le second, du nom de la localité où ils se sont surtout développés. Ces mines contiennent, comme les précédentes, des hydroxydes de fer, mais à l'état compacte, en dépôts stratifiés. Dans les terrains inférieurs aux terrains crétacé et jurassique on rencontre également en couches réglées le même minerai mêlé à des oxydes anhydres, c'est-à-dire ne renfermant point d'eau en combinaison chimique. Enfin, dans les couches du terrain houiller sont intercalés des fers carbonatés (combinaison de gaz acide carbonique et d'oxyde de fer) en bancs compactes, lithoïdes, régulièrement stratifiés au milieu des lits de schiste et de houille, ou en rognons dans ces mêmes lits.

Les minerais qu'on trouve dans tous ces terrains portent le nom de *mines en roche,* par opposition aux premiers, trop désagrégés pour mériter la même dénomination, et connus sous le nom de *minerais d'alluvion.* La teneur des minerais en roche varie de 30 à 50 pour 100. La variété dite oolitique parce qu'elle est composée d'un amas de petits grains agglutinés rappelant les œufs de poisson, appartient à la classe des minerais en roche.

Les mines de fer en filons se rencontrent soit dans les terrains de sédiment dont ces filons recoupent les strates comme autant de fissures remplies après coup, soit dans les terrains ignés ou éruptifs, dont la formation est due au feu central de la terre, comme celle des volcans. Ces gîtes renferment du fer carbonaté spathique en cristaux tabulaires, rappelant ceux du spath d'Islande, des oxydes bruns manganésifères, des hydroxydes et oxydes rouges passant à la sanguine, du fer peroxydé compacte anhydre, du fer oligiste cristallisé et du fer oxydulé ou aimant naturel. Tous ces minerais existent en filons ou en amas limités dans les terrains précités, et sont quelquefois appelés *minerais de montagne,* à cause de leur situation spéciale. Ils donnent d'ordinaire des fers de meilleure qualité que les minerais d'alluvion ou les mines en roche. Les fers carbonatés spathiques, les oxydes bruns manganésifères et les aimants naturels sont de véritables mines à acier. C'est avec des fers oxydulés magnétiques que la Suède fabrique ses fers si renommés. La teneur des minerais de montagne varie de 40 à 65 pour 100 et va même dans les fers oxydulés jusqu'à 70 pour 100.

En reportant sur une carte de France tous les gîtes ferrifères qui y sont disséminés, on trouve que les mines d'alluvion sont surtout répandues dans les Landes, le Périgord, le Berry, le Nivernais, la Champagne, la Franche-Comté; les mines en roche dans la Lorraine, la Bourgogne, le Languedoc; enfin les mines en filons en Alsace, en

Bretagne, dans le Dauphiné, le long des Alpes, et sur tout le versant des Pyrénées. La plupart de ces gîtes sont connus de toute antiquité. Ils ont été fouillés par les premiers habitants de la Gaule, les Celtes, nos pères, qui savaient travailler le fer. Au moyen âge, les seigneurs tréfonciers, les corporations religieuses elles-mêmes, propriétaires de mines et de forêts, ont également exploité ces gîtes. En certains points, les scories accumulées, résidus du traitement métallurgique, trahissent encore cet ancien travail, que le peuple, dans les départemendts u Midi, attribue aux Maures et aux Sarrasins. Quelques localités qui ont conservé le nom de *Ferrières*, dénomination sous laquelle on désignait autrefois les ateliers à fondre et à forger le fer, gardent aussi la trace vivante d'une industrie qui se perd chez nous dans la nuit des temps. Jadis c'était dans les foyers dits *à la Catalane*, qu'on retrouve encore en France et en Espagne autour du massif pyrénéen, ainsi qu'en Corse et en Italie, que l'on traitait le minerai. Peu à peu la hauteur du fourneau s'augmenta, le *creuset* fut modifié, et l'on arriva insensiblement, vers le milieu du seizième siècle, aux *hauts-fourneaux*, qui sont devenus de nos jours les géants des foyers métallurgiques. A mesure que les forêts allaient se dépeuplant, et que les mines de houille au contraire devenaient de plus en plus productives, on remplaça le bois par la houille, d'abord pour la fabrication de la fonte, puis pour la transformation de la fonte en fer. Les premiers essais furent surtout tentés ou du moins réussirent principalement en Angleterre dans le courant du dix-huitième siècle. De là la méthode passa sur le continent. Elle eut d'abord assez de peine à s'installer en France où quelques insuccès découragèrent nos maîtres de forge. Cependant ils ne tardèrent pas à revenir sur leurs tentatives, et les principales de nos houillères, celles de Saône-et-Loire, de la Loire, de l'Aveyron, du Gard, durent, on l'a vu, à l'adoption de la méthode anglaise dans la fabrication du fer, introduite en France au commencement de ce siècle, et le développement sans exemple de leurs exploitations, et l'origine d'une prospérité industrielle qui depuis n'a fait que s'accroître.

Dans l'antique méthode, datant du jour où Tubalcaïn, le grand forgeron de la Bible, martela le premier lingot de fer, le métal était obtenu tout d'une pièce au sortir du fourneau. Dans la méthode moderne, on passe par la fonte de fer avant d'arriver au fer lui-même, et cette fonte, qui se laisse mouler, constitue un nouveau métal dont l'industrie s'est heureusement emparée. Les cylindres de machines à vapeur, des récipients, des appareils de tous genres, tels que des tuyaux de conduite, des roues d'engrenage et de wagons, sont fabriqués avec la fonte de fer. Les lingots de fonte brute ou *gueuses* servent de lest pour les vaisseaux. Il n'y a pas longtemps les canons et tous les projectiles de guerre : boulets, bombes, obus, étaient faits aussi en fonte de fer, à laquelle on a substitué depuis d'abord le bronze, alliage de cuivre et d'étain, ensuite l'acier, qui donne maintenant de si formidables engins. La fonte de fer, au contraire, tout en étant très-fusible et par conséquent facile à mouler, très-dure aussi quand elle est *blanche*, est cassante et peu résistante par suite d'un état trop cristallin. Ces défauts ont fait renoncer à l'emploi de la fonte dans les engins en usage à la guerre : il est bon de détruire les autres, mais sans se détruire soi-même.

A côté de la fonte doit se classer l'acier, également frère du fer, mais qui s'en distingue par des propriétés si diverses. Il suffit de quelques centièmes de carbone dans la fonte, de quelques millièmes dans l'acier, alliés au fer, pour donner des métaux si différents de celui-ci. Étrange mystère des combinaisons chimiques que la science indique, mais qu'elle n'est pas encore parvenue à expliquer. Aux qualités naturelles de l'acier, il faut d'ailleurs ajouter celles que lui donne la trempe. Depuis ces dernières années, la fabrication de cet utile produit a fait partout les progrès les plus merveilleux. En Angleterre, Bessemer a étonné les sidérurgistes par l'invention du métal aciéreux qui porte son nom. En Allemagne, le Prussien Krupp, travaillant mystérieusement comme les alchimistes du moyen âge dans un laboratoire fermé aux regards de tous, en fait sortir des lingots et des masses ouvrées de dimensions jusque-là sans exemple. Krupp, comme Bessemer, a attaché son nom à son métal, et l'acier Krupp, plus homogène, plus malléable, plus résistant et élastique que le métal Bessemer, étonne tous les praticiens.

Les grandes usines à fer sont véritablement le dernier mot de l'industrie moderne, et donnent la mesure des étonnants résultats auxquels peuvent atteindre les efforts combinés de l'intelligence et du capital. Les hauts-fourneaux, géants de pierre et de briques, d'une hauteur souvent de près de 20 mètres, absorbent dans leur construction des centaines de mille francs, et l'usine qui les renferme des millions, comme les plus somptueux édifices. A côté des fours gémit la machine soufflante dont le bruit formidable rappelle celui d'un ouragan déchaîné. Elle lance l'air à plein cylindre dans ces énormes foyers sans cesse alimentés de minerai et de charbon, et qui jamais ne se reposent ni de jour ni de nuit.

Du vide immense qui règne dans ce cube imposant de maçonnerie, et qui forme ce qu'on nomme la cuve du four, peuvent sortir par vingt-quatre heures jusqu'à 40,000 kilogrammes de fonte. Cette production, en admettant que le rendement normal du minerai soit de 40 pour 100 (la moyenne des minerais fondus en France ne dépasse pas ce chiffre), exige 100,000 kilogrammes de minerai. En supposant que la quantité de combustible consommé soit une fois et quart celle de fonte produite, et que la proportion des fondants soit égale aux deux ou trois dixièmes du minerai traité, hypothèses qui se vérifient dans la généralité des cas, on voit que le poids total des matières passées dans un haut-fourneau peut atteindre 180,000 kilogrammes par jour (1). Comme il faut répéter ce chiffre pour chaque haut-fourneau, on peut dire qu'il n'est pas d'industrie qui donne lieu à un si grand mouvement de matières; et encore il est à notre connaissance qu'en Angleterre on a construit récemment des hauts-fourneaux, à Ulverston par exemple, qui produisent jusqu'à 90,000 kilogrammes de fonte par jour. C'est par l'augmentation du nombre et de la puissance des machines soufflantes qui, injectant l'air dans le haut-fourneau (le vent, comme on dit), permettent aux matières traitées de descendre et de s'élaborer dans la cuve avec d'autant plus de rapidité que la quantité d'air injecté est plus forte, plus encore que par l'accroissement des dimensions du creuset en largeur ou hauteur, que l'on est arrivé à Ulverston à ces merveilleux résultats.

Au pied du haut-fourneau se dégage incessamment la scorie ou *laitier*, sillonnant le seuil de l'usine comme une traînée de laves incandescentes. Plusieurs fois par vingt-quatre heures, on ouvre le trou de coulée de la fonte, et alors jaillit le métal en gerbes brillantes comme un véritable feu d'artifice. Il serpente à travers les moules de sable préparés pour le recevoir sur le sol même de l'usine, et se fige en lingots. Parfois, reçu directement au sortir du creuset dans des poches métalliques, il est versé dans les moules où il prend les formes voulues par l'industrie. Plus souvent il a besoin d'être purifié par une sorte de raffinage, et ce n'est que la fonte de deuxième fusion qu'on emploie au moulage après qu'elle a été refondue au réverbère ou au cubilot. Dans la halle de coulée sont les fondeurs, le ringard à la main, protégés par des tabliers et des gants de cuir, quelquefois par un masque. A la cime du four, autour du *gueulard*, stationnent les chargeurs, versant dans l'ardente fournaise le minerai, le combustible et les fondants que le monstre digère sans relâche. Le gueulard

---

(1) La consommation en fondants peut aller jusqu'à 800 et 1,000 kilogrammes par tonne de fonte, et la consommation en coke jusqu'à 1,500 kilogrammes : la composition et la richesse des minerais traités influe évidemment beaucoup sur ces proportions.

est fermé, on ne l'ouvre que pour le chargement. Les gaz qui se dégagent du fourneau, les flammes perdues, comme on les nomme, son recueillies dans des appareils particuliers où on les brûle. Elles servent à chauffer l'air qu'on lance dans le four, l'eau qui produit la vapeur pour la marche de la machine soufflante. Souvent on les emploie aussi à griller le minerai, à carboniser la houille, ou à d'autres usages, et l'on réalise dans tous ces cas une importante économie de combustible. Les Anglais, qui n'ont pas besoin comme nous d'épargner le charbon, laissent volontiers marcher leurs hauts-fourneaux à feu nu. Le gueulard, qu'on distingue de loin dans la campagne, vomit librement dans l'atmosphère la flamme et la fumée, et la nuit, quand on traverse un district industriel comme ceux du pays de Galles, on voit à l'horizon une longue ligne de feux qui se reflète jusque dans le ciel. Les hautes cheminées de la forge, d'où la flamme se dégage également par les registres entr'ouverts, mêlent leurs langues de feu à celles des gueulards; les portes des fours laissent échapper dans l'usine une éclatante lueur qui illumine tous les ateliers : on dirait un gigantesque incendie, une destruction générale; il n'en est rien, c'est le pacifique labeur de l'industrie, produisant sans relâche le métal devenu désormais le plus utile et le plus indispensable, le fer.

C'est dans la forge que s'achève le travail commencé dans le haut-fourneau. La fonte, cassée en morceaux, est jetée dans le four à réverbère où l'ouvrier, armé d'une longue barre de fer recourbée, le ringard, la brasse incessamment. Le travail du four à puddler (de l'anglais *puddle*, masser, pétrir) est le plus dur de tous les travaux manuels auxquels l'homme puisse se soumettre. Le pétrissage de la farine était réputé une rude besogne avant l'invention des pétrins mécaniques; que l'on juge de ce que peut être le pétrissage du fer. La chemise défaite, à peine vêtu, le puddleur brasse et retourne la loupe de fonte incandescente. Le métal sue et se liquéfie, ses impuretés se dégagent avec une partie du fer en scories écumeuses, coulantes, qu'on rejette au dehors. La température du fourneau est celle du blanc soudant, 1500 degrés, l'une des plus hautes auxquelles puissent atteindre nos foyers métallurgiques. L'homme est là, à deux pas de la fournaise, couvert de sueur, haletant, tordant de ses bras musculeux la fonte que lèche la flamme renvoyée par la voûte du fourneau. A chaque instant il est obligé d'étancher la soif ardente qui le dévore. Courbé vers la porte du réverbère toute ouverte, tenant le ringard des deux mains, les yeux fixés sur la sole enflammée, il rassemble à la fin la *loupe*, et, la prenant avec des pinces, la jette blanche de chaleur à l'aide qui la traîne sous le marteau-pilon. L'énorme outil, véritable *mouton* à vapeur, se lève et s'abaisse sur l'enclume, et ses mouvements, tantôt lents, tantôt précipités, ont bientôt transformé la masse informe en un lingot de fer forgé. Celui-ci passera aux laminoirs dégrossisseurs, puis aux fours à réchauffer, puis aux laminoirs finisseurs, avant de devenir rail, fer en barres ou en feuilles.

Le travail du marteau-pilon est un des plus précis que les machines puissent exécuter, et l'on ne dirait pas, à voir cette lourde masse d'un poids qui va jusqu'à plusieurs milliers de kilogrammes, qu'elle est capable d'écraser d'un coup la loupe de fonte, aussi bien que de s'arrêter délicatement sur la tête de l'enclume et de la toucher à peine. C'est au conducteur qui commande et dirige ce marteau à vapeur, à en surveiller le travail. Quant à l'outil, dont l'invention est due, dit-on, à M. Bourdon, ancien ingénieur du Creusot, c'est un des plus utiles dans sa simplicité, que l'industrie ait jamais mis en œuvre. Sans le marteau-pilon, les grands axes tournants qui, dans les machines de bateau, portent l'hélice à une de leurs extrémités, les arbres de couche gigantesques de quelques machines fixes, les énormes plaques de blindage dont on recouvre les navires de guerre, enfin tant d'autres pièces de fer qu'on a si bien nommées les *grosses œuvres*, n'auraient jamais pu se fabriquer. Peu de spectacles sont aussi saisissants que celui du marteau battant à coups redoublés ces énormes masses chauffées au rouge-blanc. La scorie coule et se fige le long de l'enclume ; des écailles brillantes s'échappent en traînées lumineuses de la pièce à forger, et retombent en lamelles refroidies sur les larges dalles de l'usine ; c'est ce qu'on nomme les *battitures*.

Le travail des laminoirs n'est pas moins curieux que celui du marteau-pilon. Le fer, chauffé à blanc dans de nouveaux réverbères et souvent en *paquets*, s'étend sous les cylindres en s'allongeant de plus en plus, et prend la forme de barres, de rails, de verges, de lanières, de feuilles, de plaques de tôle. On lui donne la forme qu'on veut, et souple, obéissant, au moins autant qu'il est chaud et de bonne qualité, il se plie docilement à ce qu'on exige de lui. Les extrémités des rails sont *affranchies* à la scie circulaire, et la gerbe de feu qui se dégage autour de l'outil animé d'une étonnante vitesse illumine la forge. Quant aux feuilles et aux plaques de tôle, elles sont coupées d'équerre à la cisaille, et c'est merveille de voir comment, entre ses dures mâchoires, l'outil mord dans le fer comme si c'était une feuille de carton. A côté de la machine motrice qui met tout en branle, laminoirs, scies et cisailles, est l'énorme volant, immense roue en fonte, destinée à emmagasiner la force vive et à régulariser le mouvement de tous les cylindres. Elle tourne avec une si grande rapidité qu'elle chasse l'air dans son voisinage, et remplit l'usine de ses sonores ronflements. Autour des fours et des laminoirs, se pressent les ouvriers, puddleurs, marteleurs, lamineurs, cingleurs, et une légion d'aides et de manœuvres. Les vibrations métalliques des appareils en mouvement résonnent de tous côtés, et forment comme une espèce de concert : c'est la grande voix du travail qui s'élève jusque vers le ciel.

La quantité de fer produite peut donner, comme celle de houille extraite, une idée de l'importance politique d'un pays, aujourd'hui surtout que le fer, plus encore que la houille, concourt à la défense des États. Il ne sera donc pas hors de propos de faire connaître ici par quelques chiffres la situation de notre industrie sidérurgique. En 1859, nous extrayions de notre sol plus de 3,500,000 tonnes de minerais de fer de toute nature, et produisions 1 million de tonnes de fonte. En dix ans, de 1851 à 1861, le chiffre annuel de notre fabrication avait doublé. De ce chef donc, comme de celui de nos houillères, la prospérité de nos établissements est sans cesse allée en croissant (1). En 1864, la quantité totale de fonte produite était, d'après le dernier *Exposé de la situation de l'Empire*, de 1,212,000 tonnes d'une valeur de 139,400,000 fr. Le cinquième du chiffre de la production représente la quantité de fonte fabriquée au charbon de bois; les deux tiers, la quantité fabriquée au combustible minéral seul, enfin le restant, ou un peu moins du sixième, la quantité de fonte fabriquée aux deux combustibles, végétal et minéral. Il va sans dire que la quantité de fonte fabriquée au charbon de bois va toujours en diminuant, à cause du dépeuplement de plus en plus grand de nos forêts et de l'emploi de plus en plus étendu de la houille, tandis que celle fabriquée au combustible minéral seul, ou même aux deux combustibles, va sans cesse en augmentant, en

---

(1) La production de la fonte en France s'est accrue en quarante ans, de 1819 à 1859, dans le rapport de 1 à 8. Il n'y a eu d'arrêts qu'aux époques de crise politique, comme en 1830 et 1848, ou de crise commerciale, comme en 1857-58. — L'Angleterre produit quatre fois plus de fonte et les États-Unis en fabriquent la même quantité que nous; la Belgique, la Prusse, l'Autriche, moitié moins. En France, les mines indigènes ne suffisent plus depuis longtemps aux demandes des usines, et l'on va chercher des minerais non-seulement en Belgique et en Allemagne, mais encore jusqu'en Espagne, en Afrique et à l'île d'Elbe. La quantité importée peut être évaluée, pour 1864, à plus de 450,000 tonnes, ou le huitième de notre production. Sur ce chiffre, la Belgique entre pour la moitié.

même temps que la production totale croît aussi d'une manière absolue. Il y a vingt ans, nous fabriquions plus de fonte au charbon de bois que de fonte au coke ; aujourd'hui la proportion est renversée (1).

En 1864, la fabrication totale du fer obtenu avec la fonte produite par nos usines, déduction faite de la fonte de moulage, a atteint en nombre rond le chiffre de 800,000 tonnes, dont les sept huitièmes en fer à la houille, et le reste en fer au bois ou aux deux combustibles, mais surtout en fer au bois. Avec cette production, la France suffit à très-peu près à ses besoins, et la quantité de fonte ou de fer importée chez nous d'Angleterre, de Belgique, de Prusse, d'Autriche (Styrie et Carinthie), de Suède et de Norwége, d'Espagne ou d'Italie, n'est qu'une faible fraction de notre fabrication totale.

Ainsi, en 1864, il a été importé en France 38,000 tonnes de fers et fontes payant les droits, et 158,000 tonnes en franchise, à charge de réexportation, soit en tout 196,000 tonnes, ou le sixième de notre production.

Parmi les forges françaises, quelques-unes, comme le Creusot, marchent tout à fait en tête et comptent même peu de rivales dans le monde. 14 hauts-fourneaux, activés par 7 machines soufflantes, d'une force totale de plus de 1,000 chevaux, ont produit, en 1864, 100,000 tonnes de fonte, le douzième de la production générale de la France ! La forge, où la majeure partie de cette fonte s'élabore pour en fabriquer du fer, comprend 140 fours à puddler et à réchauffer, 14 marteaux-pilons et 22 trains de laminoirs activés par 13 grandes machines d'une force de près de 3,000 chevaux (2). Il est sorti de ce gigantesque atelier 55,000 tonnes de rails, 20,000 tonnes de fer en barres ou en verges, 10,000 tonnes de tôles. Les ateliers de construction de machines, annexés aux hauts-fourneaux et aux forges, ont fourni 100 locomotives, et en machines fixes, appareils de navigation et machines diverses, pour plus de 5,000 chevaux de force. Tous les organes de ces machines reçoivent leur première forme à la fonderie et à la forge, puis passent aux ateliers d'ajustage et de montage, où on les finit et les met en place. A la chaudronnerie se confectionnent les chaudières à vapeur, et le choc incessant du marteau rivant les pièces de tôle y fait entendre le bruit le plus assourdissant.

(1) En 1844, les états statistiques indiquent dans la production totale 3 millions de quintaux de fonte au bois pour 1 1/2 de fonte au coke.

(2) La nouvelle forge qu'on construit en ce moment au Creusot, et qui est presque achevée, sera bien plus importante encore.

L'atelier d'ajustage renferme la plus riche collection de machines-outils qu'on puisse voir : machines à percer, raboter, aléser, tourner, tarauder, fileter, admirables engins qui taillent dans le fer comme si c'était du bois. Peu à peu ils ont partout remplacé le travail de l'homme qu'ils font mieux, plus vite, plus régulièrement, laissant à l'ouvrier, dont l'œil et la main restent à peu près libres, le soin de les surveiller et de les conduire. 28 machines à vapeur, d'une force de 600 chevaux, mettent en mouvement tous ces merveilleux mécanismes. L'atelier renferme 350 feux de forge, 20 marteaux-pilons, 600 machines-outils et 400 étaux.

Dans ces immenses usines se presse toute une population de travailleurs. Le nombre d'ouvriers occupés directement par le Creusot est de 10,000 dont 1,500 aux houillères, 1,000 aux mines de fer, 800 aux hauts-fourneaux, 2,800 à la forge, 3,000 à la construction des machines et 900 aux transports et travaux divers. Un tronçon de chemin de fer unit l'usine au canal du Centre qui fait communiquer la Saône et la Loire entre Chalon et Digoin. Un autre embranchement relie le Creusot au chemin de fer de Paris à Lyon et à la Méditerranée. La position topographique de ces vastes forges est ainsi l'une des plus heureuses qu'on puisse voir, rayonnant sur le Midi et sur le Nord.

Nos autres forges françaises sont loin de pouvoir être comparées au Creusot, mais après lui marchent des établissements qui ont aussi leur importance. Tels sont celui d'Hayanges dans la Moselle, qui vient de prendre un si remarquable développement, ceux d'Alais et Bességes dans le Gard, de Commentry et Montluçon dans l'Allier, Fourchambault dans la Nièvre, Terre-Noire, Saint-Chamond, Rive-de-Gier et Givors dans la Loire et le Rhône. Il faut nommer aussi ceux d'Anzin, de Denain et tous les hauts-fourneaux et les forges du Nord, l'un des plus productifs en fonte de nos départements (il donnait à lui seul, en 1859, près du dixième de la quantité totale de la France) comme il est déjà l'un des plus productifs en houille ; puis les usines de la Haute-Marne dont la production dépasse celle du département du Nord, enfin les hauts-fourneaux et les forges de l'Aveyron, de l'Ardèche, de la Haute-Saône, de la Côte-d'Or, des Ardennes, etc., etc. Quelques-unes de ces usines, continuant à fabriquer le fer avec le combustible végétal et avec des minerais très-purs, ont conservé à leurs produits une qualité supérieure qui les fait rechercher pour divers usages spéciaux, entre autres pour la fabrication de l'acier (1). Les deux départements de la Loire et de la Gi-

(1) La principale raison pour laquelle le fer au bois, comme on dit, est meil-

ronde se livrent surtout à cette fabrication avec des fers qu'ils produisent directement ou font venir des usines au bois. Ils fabriquent principalement des aciers de cémentation et des aciers fondus. La Loire fournit à elle seule plus des huit dixièmes de la quantité totale. Cette industrie est concentrée autour de Saint-Étienne et de Rive-de-Gier. C'est là qu'on a, pour la première fois, obtenu aussi des aciers puddlés destinés à remplacer pour quelques usages les aciers naturels devenus de plus en plus rares, car ils exigent des minerais exceptionnels. L'Isère, l'Ariége et quelques autres départements fournissent encore aujourd'hui de ces aciers naturels ou de forge.

On peut estimer à 50,000 au moins le nombre d'ouvriers attachés en France aux mines et aux fonderies de fer (hauts-fourneaux, forges, aciéries). Le salaire journalier moyen des ouvriers des mines est à très-peu près le même que celui des ouvriers des houillères, 2 fr. 50 à 3 fr. par jour. Le salaire des ouvriers des usines est beaucoup plus élevé, car il n'est pas rare de voir, par exemple, des puddleurs gagner à eux seuls 10 et 15 fr. par jour en travaillant à prix fait ; mais aussi quel labeur herculéen accomplissent ces rudes forgerons ! C'est autant pour diminuer d'excessives fatigues qui usent peu à peu leur force, que pour s'affranchir de leurs prétentions souvent exorbitantes (le nombre des bons puddleurs est fort rare, et souvent on a dû les faire venir de Belgique ou d'Angleterre), que l'on cherche depuis quelques années les moyens d'arriver au puddlage mécanique du fer. Jusqu'ici tous les efforts tentés dans ce but ont été à peu près vains.

Les ouvriers des forges et des mines de fer sont moins disciplinés, moins sobres, que ceux des houillères, et cela par la nature même de leur travail. Ils sont cependant exacts, soumis, sédentaires, car il est rare que la grande industrie produise des ouvriers remuants ou cités pour leur turbulence. Ceux qui sont tels ne sont pas conservés.

Résumant toutes les données qui précèdent, on voit que le chiffre de production de la fonte et du fer est toujours allé en France dans une progression croissante, surtout dans ces dernières années. A l'époque

---

leur que le fer à la houille et au coke, est que le bois et le charbon de bois ne renferment aucune matière capable d'altérer la pureté du fer, tandis que la houille et le coke contiennent du soufre, du phosphore, du silicium, toutes substances qui, s'introduisant dans la fonte et plus tard dans le fer, rendent ces métaux cassants. Les fers au bois, en supposant d'ailleurs qu'ils soient produits avec des minerais purs, ce qui est le cas général, sont donc les plus convenables pour la fabrication de l'acier, qui exige dans le fer destiné à le produire tant de qualités réunies. En Angleterre, on emploie principalement, pour fabriquer l'acier, les fers si réputés de la Suède.

de la signature du traité de commerce, on avait craint pour nos usines sidérurgiques, plus encore que pour nos houillères, les conséquences de la révolution économique profonde qui allait se produire dans notre industrie minérale, et il n'était sorte de prévisions fâcheuses qu'on ne mît en avant pour condamner sans appel l'avenir de notre pauvre métallurgie. Ici encore les prophètes de malheur en ont été pour leurs frais d'éloquence. Le traité de commerce n'a pas tué nos usines comme l'avaient prédit quelques pessimistes, et si plus d'un de nos maîtres de forge se plaint toujours de la situation qui lui a été faite, c'est dans la force des choses, plus encore que dans les conséquences du traité conclu avec l'Angleterre, qu'il doit chercher des raisons à ses plaintes. La production en fonte et en fer de nos usines avait été exagérée, et le nombre d'établissements créés en des temps de prospérité extrême était devenu trop considérable pour la consommation ordinaire. A l'époque, par exemple, où tous nos grands réseaux de voies ferrées ont été construits, c'est-à-dire entre les années 1850 et 1860, on comprend que les forges aient eu de la peine à suffire aux demandes de rails, bien que dans le chiffre total du poids des fers produits en France, le poids des fers à rails entre pour le tiers; mais les premiers et les plus impérieux besoins satisfaits, il a dû nécessairement s'ensuivre une baisse énorme dans les demandes. L'offre, et ce fait a été le résultat d'une production inconsidérée, est restée la même. De là baisse du métal, ventes à perte, fermetures d'usines, en un mot, des ruines commerciales, provoquées par des événements qu'on aurait pu prévoir et non par le traité de commerce qui a tout fait pour ménager la situation. On oublie aussi que bien des usines au bois créées dans le principe auprès des forêts aujourd'hui presque disparues ou de mines de fer presque entièrement épuisées, ne sont plus dans les mêmes conditions de vitalité que par le passé, alors surtout que le prix des fers a tant diminué en France depuis une huitaine d'années (1).

---

(1) En huit ans les fers ont baissé en France de 320 à 190 francs, c'est-à-dire de 40 pour 100.

Ainsi, en 1857, ils valaient 320 francs les 1,000 kilogrammes;

1858,	—	280	—
1859,	—	260	—
1860,	—	230	—
1861,	—	200	—
1864,	—	190	—

Il faut bien reconnaître aussi que la diminution de prix a été obtenue un peu aux dépens de la qualité.

Le voyage métallurgique entrepris officiellement dans le Royaume-Uni par deux de nos ingénieurs des mines les plus experts, MM. Gruner et Lan, n'a-t-il pas clairement démontré du reste que la France était en mesure de lutter avec l'Angleterre, sur nombre de points du territoire, pour la fabrication de la fonte et du fer ? Les avantages plus grands de nos voisins sont compensés par la plus grande distance qui les sépare de nos marchés, et par les droits qui pèsent toujours sur l'introduction des produits anglais. Nos usines sont aussi bien et même mieux installées que les usines britanniques, nos minerais sont généralement de meilleure qualité, et comme une partie de notre fabrication (environ un tiers, on l'a vu) se fait toujours au bois et au charbon de bois, ce qui donne des fers plus fins, nos produits sont relativement meilleurs que ceux de l'Angleterre et sont même recherchés par elle pour certains usages spéciaux, par exemple la fabrication de l'acier. De là vient que, malgré l'application du traité de commerce, malgré une plus grande introduction du métal anglais, notre production en fonte et en fer a toujours été en augmentant. Et si dans quelques-uns de nos départements une partie de nos usines chôment ou ralentissent leur production, on doit chercher à ce mal d'autres raisons que le traité de commerce. La cause d'ailleurs fût-elle due en partie à ce traité, il faut voir si les heureux résultats qu'il a produits et doit produire encore sont plus nombreux, et nous croyons que c'est le cas, que les inconvénients dont il est cause, et alors se consoler en pensant que beaucoup de bien ne se fait pas souvent sans un peu de mal. Le progrès, cette grande loi qui régit les sociétés modernes, n'est qu'à ce prix ; et, comme le disait un ministre à la Chambre, dans le débat soulevé à propos du traité de commerce, toute armée, même victorieuse, laisse après elle des traînards et des blessés. Que seraient devenus les chemins de fer si l'on eût écouté les plaintes des aubergistes, des entrepreneurs de transport et des maîtres de poste ? Où en seraient toutes les admirables machines inventées à notre époque, si l'on eût donné raison aux cris de quelques ouvriers lésés ?

Hâtons-nous d'ailleurs bien vite de reconnaître que la plupart de nos usines ont énergiquement supporté les conséquences du traité de commerce. Elles ont cherché à produire le plus possible pour diminuer le prix de revient, et à porter au minimum le prix de vente, pour faciliter les marchés à long terme et amener le plus large écoulement des produits. Quelques-unes, s'unissant en faisceau, ont groupé leurs intérêts et leurs efforts et se sont mises en mesure de faire mieux, s'il était possible, que par le passé, dussent-elles faire autrement.

C'est ainsi que la construction des machines, la fabrication des grands ponts métalliques, du matériel des chemins de fer, des grosses pièces de forge, des plaques de blindage pour les navires de guerre, etc., se sont tout à coup heureusement développées dans quelques-unes de nos usines sidérurgiques. Par une transformation radicale, énergique, de leurs anciens procédés, elles ont acquis plus de vitalité encore, tandis que d'autres, favorisées outre mesure par des conditions topographiques et géologiques particulières, ont pris de leur côté le plus merveilleux développement. Les défaillances ont été rares, et jamais la sidérurgie française n'a été agonisante, comme se plaisent encore à l'écrire quelques écrivains mal informés. Les faits et les chiffres que nous avons cités leur répondent ; qu'ils consultent, qu'ils méditent ces chiffres qui sont officiels, et non inventés pour les besoins de la cause. Ils verront que notre métallurgie a toujours été en progrès, et que jamais la France n'a cessé un moment de donner ce qu'on était en droit d'attendre d'elle dans la fabrication de la fonte, du fer et de l'acier, ces trois métaux aujourd'hui indispensables aux arts de la guerre aussi bien qu'à ceux de la paix.

CHAPITRE III.

LES MÉTAUX AUTRES QUE LE FER.

Les filons métalliques disséminés dans nos grandes montagnes et fouillés de toute antiquité. — De quelques mines autrefois célèbres. — État actuel de nos exploitations en plomb, argent, cuivre, zinc, étain, antimoine, manganèse, or. — Les orpailleurs cévenols. — Les pays de filons. Vialas. — Bilan de notre industrie métallurgique. — Des mineurs et fondeurs de métaux. — La loi des mines et l'exploitation des filons métalliques.

Les personnes qui ne sont pas initiées au travail des mines, quand elles se prennent à rêver de filons, les voient en esprit cachés dans les plus hautes montagnes, les vallées les plus élevées et les plus désertes, en un mot dans les lieux les plus inaccessibles. Le rêve des hommes du monde est une réalité pour les praticiens ; les filons métalliques sont, en effet, d'un accès généralement fort difficile, comme si la nature, en ce cas comme en tant d'autres, avait voulu faire payer à l'homme le prix de ses faveurs. C'est dans les massifs schisteux et granitiques de la Bretagne, des Alpes, des Pyrénées, des Vosges qu'il faut chercher en France nos mines métalliques ; c'est autour de cet immense plateau de granit et de basalte, qu'on nomme le *plateau central*, d'où descendent presque tous nos grands fleuves et d'où se détachent les dômes d'Auvergne, les *plombs* du Cantal, la chaîne des Cévennes, les montagnes du Limousin, du Vivarais, du Lyonnais, que le mineur doit porter le pic et le marteau pour découvrir le plomb, le cuivre ou l'argent.

Dès l'époque la plus reculée, notre sol plus activement, plus fructueusement fouillé qu'aujourd'hui, présentait autour de nos grandes montagnes des exploitations minérales prospères. Quand les Germains, dans leurs sombres forêts, et les Bretons du Cornwall sur leur rocher de porphyre et de granit, vis-à-vis les Cassitérides, travaillaient le fer, l'argent, le cuivre et l'étain, les Gaulois fouillaient également leurs mines, et les marchands de la Méditerranée, les

Phéniciens, les Carthaginois et les Grecs, venaient charger des métaux dans nos ports. L'or lui-même, si abondant à cette époque dans la Gaule, était fourni par le lavage des alluvions du Rhin, du Rhône et de quelques ruisseaux échappés des Cévennes ou des Pyrénées. Tous les historiens de l'antiquité, César, Strabon, Pline, Diodore de Sicile, ont parlé de ces exploitations.

Les Romains après les Gaulois, et les seigneurs suzerains de l'époque féodale, les comtes de Foix, de Toulouse, du Rouergue, du Forez, du Lyonnais et du Beaujolais ; les ducs de Nevers, de Bretagne, de Lorraine ; les rois de Navarre, nos rois eux-mêmes ou leurs favoris, enfin les évêques et les puissantes corporations religieuses de ces temps-là, continuèrent avec profit et l'exploitation des mines et la fusion des minerais. Des ouvertures éboulées ou encore béantes, donnant accès dans des travaux souterrains où l'on employait alors le feu à défaut de la poudre pour désagréger la roche ; des scories çà et là éparses, témoins d'un travail de fusion qui dura souvent plusieurs siècles, voilà tout ce qui reste de ce passé d'activité minérale que le présent est loin d'égaler. Les archives de quelques-unes de nos communes, les histoires et les manuscrits du moyen âge ont même fixé les dates de certains de ces travaux et donnent sur eux d'utiles renseignements. La tradition orale a conservé aussi plus d'un souvenir se reportant quelquefois jusqu'à l'époque romaine ; enfin les noms de quelques-unes des localités jadis si ardemment fouillées sont restés significatifs.

Sainte-Marie-aux-Mines, dans les Vosges, a été l'une des plus intéressantes de ces anciennes exploitations. L'origine des travaux remonte au moins au dixième siècle, peut-être même au delà, au temps de Dagobert et de l'orfèvre saint Éloi. Les chantiers, à l'époque de la plus grande prospérité de ces mines, vers le milieu du seizième siècle, ont occupé jusqu'à trois mille ouvriers extrayant chaque année pour plus de 400,000 francs d'argent (6,500 marcs), non compris le cuivre et le plomb. L'exploitation fut abandonnée lors de la guerre de Trente ans, et reprise au commencement du dix-huitième siècle. En 1735, elle donnait encore 4,445 marcs d'argent, 34,000 livres de cuivre, et 223,000 livres de plomb. A l'époque de la Révolution les travaux s'arrêtèrent, et n'ont plus été repris depuis avec succès malgré diverses tentatives.

Avec ce gîte, jadis si célèbre et dont l'état de complet abandon fait peine à voir, il faut citer Plancher-les-Mines et la Croix-aux-Mines, situés tous deux dans ce même massif des Vosges, autrefois si productif. Le gîte de Giromagny, donné par Louis XIV à la famille de Mazarin, après le traité de Westphalie, et exploité depuis le treizième siècle jusqu'en 1793, fait également partie du grand massif métallifère des Vosges. Dans le département de l'Ariège, nous trouvons Castel-Minier, montagne au nom caractéristique, et les Coffres (du patois *cobre*, cuivre); enfin l'Ariége elle-même, *Aurigera*, ou la rivière qui charrie l'or. Dans le Cantal, nous avons Aurillac, *Auri lacus*; Bourg-Argental, dans la Loire; un second Castel-Minier dans l'Ardèche où se rencontrent aussi deux Largentière. L'un de ces derniers gîtes, découvert au douzième siècle, a successivement appartenu aux comtes de Toulouse et aux évêques de Viviers, qui, bien qu'ennemis jurés des mécréants, affermaient leurs mines à des juifs. Cette exploitation ne fut abandonnée qu'au seizième siècle, par suite de la baisse de l'argent, conséquence de la découverte des mines d'Amérique. L'autre mine de l'Ardèche, désignée aussi sous le nom de Largentière ou Largentère, fut également arrêtée à cette époque. On conserva dans la localité le souvenir des riches exploitations qui y avaient existé, et quelques écrivains de la fin du seizième siècle se sont plu à la désigner sous le nom d'*Indes françaises*, que d'autres ont aussi donné à nos montagnes pyrénéennes, non moins riches en or et en argent que celles de l'Ardèche.

Ce nom de Largentière abonde dans tous les anciens pays de mines; on le retrouve dans beaucoup d'autres de nos départements. Le gîte le plus célèbre de ce nom est aujourd'hui situé dans les Hautes-Alpes. La tradition en fait remonter jusqu'à la domination romaine l'origine de l'exploitation. Au douzième siècle, il appartenait aux comtes de Forcalquier; les évêques et le chapitre d'Embrun avaient une part sur les produits, et les Dauphins percevaient une redevance, à titre de dîme, sur l'argent que l'on en tirait. Les travaux furent sans doute fermés à l'époque de la découverte de l'Amérique, et le souvenir de ces mines était presque éteint, lorsqu'en 1785, elles furent retrouvées accidentellement par des gens qui cherchaient des sables de verrerie. Depuis, l'exploitation a passé par différentes phases; elle était très-prospère il y a quelques années, et se trouve encore aujourd'hui dans une bonne situation.

La mine de Vialas, dans la Lozère, celle de Pontgibaud, dans le Puy-de-Dôme, celles de Poullaouen et d'Huelgoët, dans le Finistère, sont également toujours en activité (1). Toutes ces exploitations donnent du plomb et de l'argent. Elles sont de date très-ancienne,

(1) Poullaouen et Huelgoët viennent cependant d'être arrêtées par suite, dit-on, d'un complet appauvrissement.

et comme toutes les mines, ont passé par bien des péripéties, vu bien des époques de prospérité ou de ruine se succéder tour à tour.

Largentière, Vialas, Pontgibaud, Poullaouen et Huelgoët, auxquels il faut peut-être ajouter Pontpéan dans l'Ille-et-Vilaine, et quelques mines dans l'Ariége, les Basses-Pyrénées, le Gard, l'Isère, la Loire, la Charente, toutes de création récente et de marche incertaine, voilà donc où nous en sommes réduits après le glorieux passé de nos exploitations de plomb et d'argent. Et encore est-ce par la production des gîtes qui viennent d'être cités que nous brillons surtout dans l'industrie minière, les mines de fer et de houilles exceptées! Où sont les mines d'argent des Challanches, dans l'Isère, naguère florissantes? Où sont toutes celles de l'Auvergne? et celles de Melle, dans les Deux-Sèvres, déjà ouvertes sous Charles le Chauve, qui, du neuvième au dix-septième siècle, pourvurent à l'entretien d'un hôtel des monnaies? Que sont devenues celles de Chitry, dans la Nièvre, exploitées dès 1495, et qui donnèrent lieu, jusqu'à la fin du dix-septième siècle, à l'une des exploitations les plus considérables de la France? Et celles du Rouergue, qui produisaient le plomb, le cuivre et l'argent, entretenaient les hôtels des monnaies de Rhodez et de Villefranche, et qui, fouillées dès l'époque gauloise, ne s'arrêtèrent qu'avec les désastres provoqués par les guerres de religion dans la seconde moitié du seizième siècle? Toutes ces mines, qui sont bien loin d'être épuisées, sont cependant aujourd'hui fermées, comme les deux Largentière de l'Ardèche, et Giromagny, et la Croix-aux-Mines, et Sainte-Marie-aux-Mines. La mousse couvre leurs déblais, toutes les galeries sont éboulées, les antiques fonderies ne sont plus qu'un monceau de ruines, quand les ruines elles-mêmes n'ont pas disparu!

Après les mines de plomb et d'argent viennent celles de cuivre, pour lesquelles pareillement notre passé a été aussi beau que l'état présent est triste et précaire. La France ne fournit presque plus de cuivre, et les mines de Chessy et de Sainbel, près de Lyon, naguère encore en grande activité, ne sont plus dignes d'être citées. On peut dire que l'on n'en tire plus que de la pyrite cuivreuse très-pauvre unie à de la pyrite de fer; cette dernière est expédiée sur une fabrique de vitriol où elle supplée à l'emploi du soufre. L'exploitation de ces mines date peut-être de l'époque gauloise. Au moyen âge, elles furent la propriété de l'argentier de Charles VII, Jacques Cœur, qui fouilla aussi d'autres gisements dans le Lyonnais et le Beaujolais. Il gagna dans cette industrie, ainsi que dans la ferme des monnaies, une partie de son étonnante fortune, qui devait lui susciter tant d'envieux et le perdre dans l'esprit du roi.

Comme celle du cuivre, la production du zinc et de l'étain nous manque également aujourd'hui, ou à peu près. Ces deux métaux ont cependant une grande importance, et l'on sait quelle extension a prise depuis quelques années la fabrication du zinc en Belgique et en Espagne, quels revenus elle procure à ces deux pays, en même temps qu'elle a créé pour leurs populations ouvrières une source nouvelle et féconde de travail. Le zinc et l'étain pourraient s'exploiter avec profit en France, le premier dans les Alpes et les Cévennes (on en travaille quelques mines dans l'Isère et le Gard), le second dans les montagnes du Limousin et de la Bretagne, où les premiers peuples de la Gaule l'ont fondu sur des points très-nombreux. Les Phéniciens venaient le charger à l'embouchure de la Loire et le portaient dans tout le bassin de la Méditerranée, où il rivalisait avec l'étain de l'Espagne et de la Grande-Bretagne également importé par les marins de Tyr. Allié au cuivre, l'étain formait le bronze d'un usage alors si répandu. Dans les sables et les galets qui se montrent fréquemment sur certaines parties du rivage du Morbihan et de la Loire-Inférieure, à Penestin (1), à Piriac, on trouve encore aujourd'hui du minerai d'étain, détaché très-probablement de filons sous-marins en relation avec les filons stannifères superficiels qui recoupent les granits. C'est ce minerai d'alluvion que les anciens ont partout exploité, soit sur les côtes, soit dans l'intérieur du pays, notamment près de Ploërmel (Morbihan), où existe une des mines d'étain les plus remarquables et les plus étendues que l'on connaisse. A Vaury, dans la Haute-Vienne, on trouve aussi un gîte ou placer très-anciennement fouillé.

Les minerais d'antimoine, dont nous possédons en France de nombreux gisements, sont traités dans quelques-uns de nos départements, comme la Lozère, le Puy-de-Dôme, le Cantal, l'Ardèche, la Haute-Loire. La Lozère a souvent envoyé fondre son minerai dans le Gard. La Corse, qui en produit aussi, expédie le sien à Marseille. Partout les exploitations sont conduites avec tiédeur, et le *régule* (c'est le nom que les alchimistes ont donné à l'antimoine qu'ils ont découvert) n'a du reste qu'un emploi très-limité. On sait qu'allié au plomb, auquel il communique de la dureté, l'antimoine sert à fondre les caractères d'imprimerie, et que, mêlé au cuivre, à l'étain, au bismuth et au nickel, il entre dans la fabrication du métal blanc ou métal anglais. Ce sont là, avec quelques préparations de laboratoire et de pharmacie, à peu près tous les usages auxquels il a été jusqu'ici appliqué.

Les minerais de manganèse, dont il existe dans le département de

(1) Penestin, le cap de l'étain. Le mot étain vient du breton *staen*.

Saône-et-Loire, ainsi que dans l'Aude et l'Ariège, des gîtes très-importants et très-activement exploités, méritent d'être mentionnés. On les envoie dans les fabriques de produits chimiques, et depuis quelques années on les jette dans les hauts-fourneaux avec les minerais de fer, dont ils bonifient singulièrement la qualité en donnant des fontes blanches, aciéreuses.

Pour terminer le catalogue de nos exploitations minières, rappelons le lavage de l'or autrefois très-fructueux sur plusieurs de nos cours d'eau, tels que le Rhin, dans les plaines de l'Alsace, le Rhône, entre Lyon et Tournon, ainsi que sur presque tous les ruisseaux du versant méridional des Cévennes et ceux qui sillonnent la lisière septentrionale des Pyrénées. Le traitement des alluvions aurifères a aujourd'hui presque partout disparu. Il formait dans l'Ariége et le Gard une industrie locale dont l'extinction est regrettable à plus d'un titre. Dans le Gard, on retrouve d'immenses tas de déblais provenant de ces anciens lavages. La tradition, ou plutôt la légende, les attribue aux Anglais, qui n'ont jamais dominé dans le pays; mais ils pourraient bien remonter à l'époque gauloise, ou tout au moins romaine. Les travaux sur tous ces placers furent très-étendus au moyen âge, notamment dans l'Ariége, et ne diminuèrent d'importance que lors de la découverte de l'Amérique. Toutefois, en 1700, la monnaie de Toulouse recevait encore 50 kilogrammes d'or, soit une valeur de 150,000 fr., des orpailleurs de Pamiers. En 1762, la quantité avait diminué de moitié.

La cueillette de l'or n'a jamais cessé tout à fait dans nos provinces, et l'on retrouve encore le long des Pyrénées et des Cévennes quelques rares orpailleurs restés fidèles à la sébile. Formés de père en fils à la pratique de ce curieux métier, ils en conservent religieusement toutes les traditions. J'ai rencontré moi-même dans le Gard, en 1864, les deux derniers représentants peut-être de cette industrie expirante. Ils composaient à eux deux un type fort original. Deleuze et Mathieu (c'étaient leurs noms) ne travaillaient jamais ensemble. Le placer de l'un n'était pas celui de l'autre, et nos deux orpailleurs se jalousaient vivement, comme il convient entre gens de même métier. Habiles à manier la large sébile de bois au moyen de laquelle on lave l'or, et qui doit être aussi vieille que le monde, car je l'ai retrouvée en Amérique aux mains des mineurs espagnols, qui l'auront reçue de leurs pères d'Europe, Deleuze et Mathieu, munis aussi d'un pic et d'une pelle, allaient flairant, flânant, le long de ruisseaux du pays, la Cèze, la Gagnière. C'était surtout après les jours d'orage qu'on les voyait apparaître, quand les eaux, subitement accrues, avaient lavé les sables et remué le lit des ravins. Rien n'échappait à leurs yeux de lynx, et la plus mince paillette cachée entre les bancs de schiste ou de grès, au tournant d'un ruisseau, attirait immédiatement leurs regards. On aurait dit qu'elle produisait sur eux l'action de l'aimant sur le fer. La sébile, entre les mains de ces laveurs, dansait et tournoyait dans l'eau comme entre les mains du Chilien ou du Mexicain le plus expert, et la plus microscopique parcelle aurifère se retrouvait invariablement au fond de la *battée*, après le départ des sables. Jamais, même en Californie, je n'ai vu de plus habiles laveurs que mes orpailleurs cévenols; c'étaient tous deux de vrais artistes, et ils étaient dignes d'un plus grand théâtre. Indifférents au monde extérieur, fiers de connaître seuls les bons endroits et tous les secrets du métier, dédaignant de faire autre chose que de laver de l'or, ils ne trouvaient d'attraits que dans leurs placers. N'ayant pas d'enfants, ils ne formaient pas même d'élèves. La trouvaille était rarement bonne, hormis après les jours de grande pluie où elle pouvait tout d'un coup atteindre une valeur de 15 à 20 fr. ; mais chaque laveur certainement ne gagnait pas dans ses recherches, un jour dans l'autre, plus de 2 à 3 fr. par journée.

L'inébranlable attachement de ces orpailleurs des Cévennes à leur premier métier nous dévoile tout un côté de la vie des mines métalliques sur lequel il est bon d'insister. Le mineur aime son état malgré les fatigues qu'il y endure. Il est rare qu'il en choisisse un autre, et j'ai toujours vu, en Californie, le laveur des placers, après s'être fait marchand, agriculteur, cafetier (chacun a fait un peu de tout dans ce pays) revenir à son *rocker* et à sa battée. Il y a dans la recherche souterraine des métaux quelque chose qui tient du jeu. La réussite favorise l'un des penchants les plus curieux de notre nature, celui de l'imprévu, et le mineur, après une heureuse trouvaille, même quand elle n'est pas pour lui, est aussi content que le joueur qui vient de faire un beau coup. Et puis dans le travail des mines, qu'il ait lieu au dehors ou sous terre, l'ouvrier est pour ainsi dire son maître, il est payé la plupart du temps d'après l'œuvre produite, et il se sent en quelque sorte libre et indépendant. Au sortir des chantiers intérieurs, c'est la vie au grand air, dans la montagne, sous les hêtres touffus ou les frais châtaigniers, au pied du torrent écumeux. Devant un tel spectacle, le mineur satisfait préfère de beaucoup son sort à celui de l'ouvrier des villes.

Les pays des mines sont toujours des plus pittoresques, car les filons aiment les lieux accidentés. Que de beaux points de vue dans les Cévennes, dans les Alpes, dans les montagnes de l'Auvergne! Ici c'est la mine et l'usine de Pontgibaud qui se détachent au milieu de la chaîne des Puys et des monts Dore, aux cimes couvertes de neige ou couronnées de vieux châteaux. Dans les Alpes, ce sont des mines aux flancs de toutes les montagnes, jusqu'au bord des glaciers. Le mineur doit avoir la jambe solide, et veiller à lui pour n'être pas pris par les avalanches. Les filons courent à travers le granit, le protogyne et les schistes, mêlés de quartz et de calcaire. C'est tantôt du cuivre ou du zinc, tantôt du plomb ou de l'argent, quelquefois de l'or, du mercure, partout un peu de platine. Les gîtes, aujourd'hui presque tous inexploités, se rencontrent à Vizille, à Vaulnaveys, à Séchilienne, au Theys, aux Challanches, à la Gardette, au Bourg-d'Oisans, à Laffrey, à Lamotte, à Saint-Arey, à Saint-Bonnet, à Largentière, partout, le long des flancs de ce mur gigantesque qui nous sépare de l'Italie, et jusque dans les contre-forts porphyriques et granitiques qui bordent le littoral du Var. Dans ce dernier département, de Toulon à Antibes, à Collobrières, à Cogolin, au Luc, à Vidauban, etc., on rencontre le fer, le cuivre, le plomb, l'argent, le chrôme, le manganèse, et les montagnes des Maures et de l'Estérel se montrent les dignes sœurs des Alpes.

Dans les Cévennes, le spectacle change, mais reste toujours saisissant. C'est vers ces lieux que me reportent mes premiers souvenirs de mineur. En 1852, allant à pied des hautes mines de houille de Champclauson, dans le Gard, aux mines de plomb et d'argent de Vialas, dans la Lozère, je partis du vieux château de Portes, par la plus belle des après-midi d'automne qu'on puisse voir dans le Midi. Je laissai bientôt les grès houillers et les couches de schistes noirs et de charbon pour entrer dans le terrain granitique. Tournant à gauche et remontant le torrent de Vialas, j'avais devant moi les monts ardus de la Lozère qui font partie du massif des Cévennes. D'un côté le roc des Aigles, de l'autre le collet de Dèze élevaient jusqu'à près de 2,000 mètres leurs flancs déchiquetés. Le granit prenait au soleil couchant ces tons d'opale qui lui sont propres et la couleur sombre des micaschistes, çà et là coupés par quelque veine blanche de quartz, se détachait vigoureusement dans le paysage. Les châtaigniers, les hêtres et sur les plus hautes cimes les noirs sapins, au pied desquels poussaient les vertes graminées servant de manteau au roc, encadraient admirablement le tableau. Dans une anfractuosité profonde ouverte entre les granits, qui s'étendaient à gauche et à droite comme deux immenses murailles, on entendait mugir le torrent ; on l'entendait sans le voir, et parfois seulement, au détour du chemin, on apercevait au fond de l'abîme, loin, bien loin, comme un flocon d'écume autour d'énormes galets. Sur les flancs de la vallée, des moutons allaient paissant, et le jeune pâtre qui les menait s'essayait à des airs champêtres sur un rustique chalumeau. Le long de la route, il y avait de pauvres cabutes dont les toits étaient couverts de plaques de schistes en guise de tuile ou d'ardoise. Je traversai un petit village et j'arrivai le soir à Vialas, où l'*hôtel des Mines*, étonné de voir un voyageur, m'ouvrit sa porte à deux battants.

Le lendemain et les jours d'après, je visitai les travaux, inaugurés ou du moins repris au siècle dernier par des ouvriers allemands qui ont fait souche dans le pays. Au dehors courent les affleurements des filons dont deux sont stériles et reconnaissables à leurs *salbandes* de quartz. Le *filon des anciens* rappelle par son nom l'ancienneté de cette exploitation. J'entrai dans la mine par une galerie de niveau, j'allai de l'un à l'autre étage par les échelles et parcourus les gradins d'abattage. Le minerai, au sortir des chantiers, était enrichi par la préparation mécanique, broyé sous d'énormes pilons en fonte ou bocards, puis conduit avec de l'eau sur des tables dormantes ou à secousses, enfin dans des labyrinthes.

De l'atelier de préparation mécanique, les *schlichs* et les *schlamms* (c'est le nom, tiré de l'allemand, qu'on donne aux sables et aux boues ainsi enrichis en plomb et en argent) étaient portés à la fonderie. Là, le minerai était d'abord grillé au four à réverbère pour le débarrasser de la majeure partie du soufre qu'il renfermait et provoquer des réactions chimiques aidant plus tard à la fusion. Ensuite on le jetait dans le four à manche, ainsi nommé parce qu'il est formé d'une cuve droite où descendent ensemble le minerai, le fondant et le charbon. Dans le bassin de coulée se rassemblait le métal allié à l'argent, le *plomb d'œuvre*. En dernière analyse, l'opération de la coupellation, conduite à l'allemande, c'est-à-dire dans un four à sole ou coupelle fixe et à voûte mobile, terminait le traitement métallurgique, en séparant l'argent du plomb, et transformant celui-ci en litharges. Cette méthode donnait, quand je visitai le pays, peu de bénéfices. Aujourd'hui, grâce à une habile et savante direction, les opérations ont été modifiées, perfectionnées, la mine plus largement ouverte, et Vialas est entré dans une voie des plus prospères. Cet exemple prouve entre beaucoup d'autres que nos mines métalliques ne sont pas épuisées, qu'elles peuvent voir renaître pour elles les beaux jours du passé, qu'elles peuvent enfin lutter et marcher de pair avec celles si fameuses de l'Angleterre et de l'Allemagne. Il suffit de vouloir, et d'unir au capital nécessaire pour les travaux l'intelligence, la patience et le courage qui mènent à bonne fin les affaires les plus difficiles.

Malheureusement l'exemple de Vialas n'a pas encore trouvé chez nous beaucoup d'imitateurs, peut-être pour certaines raisons que nous dirons tout à l'heure. Aussi la production des métaux autres que le fer, c'est-à-dire le cuivre, le plomb, l'argent, l'or, l'étain, l'antimoine, le zinc, le manganèse, est-elle loin d'offrir en France (à part les deux derniers métaux d'application récente) un tableau aussi satisfaisant que dans les siècles passés. Encore moins ce tableau pourrait-il être opposé à celui de la production de nos houillères, de nos mines de fer et de nos usines sidérurgiques. Cependant l'élaboration du cuivre et celle du plomb et de l'argent va chez nous depuis quelques années en progression ascendante, mais ici nous tirons de l'étranger la plus grande partie des matières premières. Ainsi, presque tout le cuivre que nous fondons nous arrive du Chili, à l'état de minerai exceptionnellement riche, comme les cuivres oxydulés, ou de* *matte* et de métal brut (cuivre noir, cuivre rosette) que nous fondons et affinons avec de vieux cuivres pour en entreprendre ensuite le laminage. Nous recevons aussi des cuivres de Toscane, minerais ou mattes. Quant au plomb et à l'argent, outre les mines indigènes déjà citées, nous nous pourvoyons également à l'étranger, notamment en Espagne, en Italie, et les mines qui traitent ces minerais affinent aussi quelquefois les cendres d'orfèvres. L'Algérie nous expédie des minerais de plomb et de cuivre (1). Elle y a joint un moment les minerais de mercure et d'antimoine. Elle est aussi très-riche en fer. La Corse, si elle était mieux exploitée, ou plus libéralement soutenue, pourrait être comme l'Algérie l'un de nos principaux centres d'approvisionnement en minerais métalliques. Elle renferme du fer, du plomb, du cuivre, de l'argent, du mercure, de l'antimoine. On y a même trouvé du charbon qui manque encore en Algérie. Toutes ces mines, à l'exception de celles d'antimoine du cap Corse, sont aujourd'hui inexploitées.

Les minerais de cuivre, de plomb et d'argent que nous tirons de l'étranger sont surtout traités dans nos ports, au Havre, à Nantes, à Bordeaux, à Marseille enfin, où existent de fort belles usines. C'est dans ces dernières qu'a été pour la première fois pratiquée en France, sur les plombs pauvres d'Espagne, la célèbre méthode de cristallisation due à l'anglais Pattinson, et qui porte le nom de pattinsonnage.

En somme, le bilan de notre production en métaux autres que le

(1) Les fameuses mines de Mouzaïa sont en Algérie. Les autres gîtes sont ceux de Ténez, pour le cuivre ; la Calle et Gar-Rouban, pour le plomb et l'argent.

fer est digne à peine d'être publié, bien que la production des mines métalliques françaises ait plus que doublé depuis dix ans. Il se résume ainsi en nombres ronds pour 1859 :

Plombs et litharges..	41,000	tonnes métriques.
Cuivre	8,830	—
Zinc (1).	170	—
Minerai de manganèse.	6,600	—
— d'antimoine . .	670	—
— d'étain (2). . .	14	—
Argent fin..	48,000	kilogrammes (3).
Or fin	76,600	grammes.

La quantité de plomb et de cuivre marquée dans ce tableau vient en partie de minerais ou de métaux brutes importés; de même pour l'argent et l'or, qui appartiennent en grande partie à des minerais ou à des plombs argentifères ou aurifères venus de l'étranger. Le tableau ci-dessus, tout insignifiant qu'il est, accuse donc encore une situation meilleure qu'elle n'est réellement.

Le nombre des ouvriers attachés à nos mines métalliques et à nos usines à métaux est d'environ 6,000. Leur salaire moyen est de 3 fr. 50 par jour. Ces ouvriers sont loin d'être disciplinés comme ceux des houillères; ils n'ont même pas les qualités qui distinguent encore ceux des usines à fer; ils sont surtout moins sédentaires, et il y a parmi eux beaucoup d'ouvriers étrangers. A Pontgibaud, par exemple, on rencontre des Allemands et des Anglais ; à Vialas, on retrouve aussi des ouvriers d'origine allemande. Dans les usines à plomb de Marseille, il y a beaucoup d'Anglais, d'Espagnols. Dans les usines à zinc du Gard, des Belges; dans les mines des Alpes, des Piémontais. D'une force herculéenne, d'une habileté rare à manœuvrer la masse et le fleuret, les Piémontais sont difficiles à conduire, donnent sujet à beaucoup de plaintes, et souvent des rixes fâcheuses éclatent entre eux ou avec les autres ouvriers. On occupe, on garde ces travailleurs turbulents, car la tradition des mines métalliques et

(1) La production du zinc est toujours allée en décroissant depuis 1857. Le chiffre de 1856 est presque triple de celui de 1859. A cette dernière époque, la fabrication n'avait plus lieu que dans le département du Gard, où elle a été introduite en 1855. Autrefois on produisait le zinc en assez grande abondance aux usines de Vienne (Isère) avec le minerai de la localité.

(2) La production en minerai de manganèse, d'antimoine et d'étain, se rapporte à 1858.

(3) On sait que le kilogramme d'argent fin vaut 222 francs, et le gramme d'or pur 3 fr. 44.

des usines à métaux s'est presque perdue chez nous, et il faut, pour exploiter le peu de ces mines et de ces usines que nous tenons ouvertes, aller souvent emprunter les ouvriers spéciaux au dehors. Mais ce ne sont pas des bras seulement, c'est la presque totalité des métaux usuels nécessaires à sa consommation, que la France va demander à l'étranger. Elle ne peut suffire à ses besoins que pour le fer. Cette infériorité ne saurait s'expliquer par la situation difficile et l'allure géologique incertaine de nos gisements, qui sont ici ce qu'elles sont partout, et que l'on a souvent invoquées à tort comme une excuse. Encore moins pourrait-on arguer de l'épuisement des filons ; l'histoire, on le sait, assigne d'autres causes à l'arrêt de nos exploitations. A quoi donc faut-il attribuer cet état de choses, qui est d'autant plus regrettable que certains métaux, par exemple le cuivre et le plomb, ne sont pas moins indispensables que le fer à la défense des États?

La plupart des inconvénients qui arrêtent en France l'essor de nos exploitations minières sont dus à notre loi des mines. Par la façon dont on a l'habitude de l'interpréter, cette loi pèse de tout son poids sur les demandeurs en concession (1). On les soumet à des formalités sans nombre, on se montre vis-à-vis d'eux plein d'exigences. Une apposition solennelle d'affiches a lieu pendant quatre mois dans la commune qu'habite le demandeur, dans celles où sont situées les mines, au chef-lieu de l'arrondissement, au chef-lieu du département. On poursuit avec éclat l'instruction d'une affaire qui ne devrait s'étudier pour ainsi dire qu'à huis-clos afin d'éviter les convoitises, les jalousies qu'elle soulève inévitablement. La publication de la demande est renouvelée à son de trompe ou de tambour, tous les dimanches, à la porte des églises paroissiales et consistoriales. On semble appeler à tout prix des opposants, des concurrents. Jamais la bureaucratie ne s'est montrée plus méticuleuse, on pourrait dire plus soupçonneuse. Cependant la demande s'instruit lentement, très-lentement. Les ingénieurs des mines, les maires, le sous-préfet, le préfet, le conseil des mines, le conseil d'État, sont successivement appelés à donner leur avis, avant que le chef de l'État ne signe le décret de concession. Pendant ce temps les demandeurs attendent, incertains de leur sort. On leur délivre quelquefois des *permis de recherches* pour leur faire prendre patience, et alors seulement ils ont la faculté de porter le pic sur le filon, objet de tous leurs désirs; sinon, non. Un autre permis est indispensable pour vendre ou élaborer les produits. Le de-

(1) On sait que les mines n'appartiennent point en France au propriétaire du sol; l'État les concède, après une enquête, à ceux qui en font la demande.

mandeur ne sera tout à fait libre (sauf à se conformer aux lois et règlements qui régissent la matière, et ils sont nombreux) qu'une fois la concession obtenue. Il est à notre connaissance que l'instruction de certaines demandes en concession a ainsi duré six et huit ans, même dix. Le minimum est toujours au moins de deux ans, dans les cas les plus favorables, et encore jusqu'à la dernière heure, un concurrent plus heureux que le premier demandeur peut obtenir la préférence. On a faussé l'esprit de la loi, et de telles lenteurs de la part de l'administration n'étaient guère dans l'idée de Napoléon Ier quand il élabora la loi des mines de 1810, à laquelle il travailla lui-même si résolûment et avec tant d'intelligence. Mais avec nos besoins actuels il faut encore aller plus avant que l'illustre législateur. La grande industrie n'est apparue en France qu'à notre époque; pour prospérer, elle a besoin d'une certaine liberté d'allures. On parle de décentralisation administrative ; voilà un point par où commencer. Le préfet seul, sur l'avis de l'ingénieur des mines du département, devrait être appelé à délibérer sur une demande en concession de mines. En Espagne, où ce procédé expéditif et si rationnel a été admis, une concession est délivrée dans les deux mois au plus de la demande par le gouverneur de la province, après une instruction où l'ingénieur des mines du district est seul consulté. Naguère encore c'était l'alcade lui-même qui, sur l'heure et sur la présentation d'un échantillon du minerai, délivrait une *pertenence*. Cette façon de procéder a produit de merveilleux résultats, et les capitalistes étrangers, nos banquiers eux-mêmes, ont prêté leur argent aux mines espagnoles; tandis que le bruit court en France que nos mines sont épuisées et qu'il n'en existe même pas du tout. Je passe sous silence une foule d'agiotages auxquels a donné lieu chez nous l'obtention de certains décrets de concession, grâce aux signatures dont ils étaient revêtus, et qui semblaient consacrer l'existence de la productivité d'un gîte quelquefois imaginaire. Tout cela n'a pas peu tendu à discréditer nos mines métalliques, à détruire chez nous tout esprit d'entreprise au moins sur nos filons indigènes. Parmi tous nos grands industriels, il n'en est aucun, à cette heure, qui consente, à moins de raisons spéciales, à se porter demandeur d'une concession ; il n'en est aucun qui ne se plaigne hautement de tous les vices qui existent ou plutôt qui ont été apportés dans notre loi des mines.

En Angleterre, aux États-Unis, en Toscane encore à présent, où le propriétaire du sol est propriétaire du dessous; dans la Prusse rhénane, en Belgique, dans le Piémont, où des règlements analogues aux nôtres sont appliqués avec un esprit de libéralité et de promptitude qui devrait bien nous servir d'exemple ; en Californie, au Chili, dans toutes les républiques de l'Amérique du Sud, où des mesures expéditives, rappelant celles adoptées en Espagne, sont en usage sur toutes les mines, les inconvénients que nous venons de signaler n'existent pas. Aussi dans tous ces pays aucune mine ne reste inexploitée. Indiquer de pareils faits, n'est-ce pas suffisamment annoncer où est le remède au mal ? Les nations étrangères ont assez souvent et assez largement emprunté à nos codes, pour que nous ne rougissions point à notre tour d'aller demander des inspirations à quelques règlements spéciaux en usage dans ces contrées rivales. L'Espagne, la Prusse rhénane, offrent les meilleurs exemples à imiter. Et si les inconvénients que nous avons signalés se sont moins fait sentir en France pour les houillères que pour les mines métalliques, c'est d'abord que la plupart des houillères réellement productives étaient en exploitation suivie depuis des siècles lorsque furent élaborées les lois des mines de 1791 et de 1810, auxquelles on ne pouvait donner un effet rétroactif, tandis que la plupart de nos mines de métaux, ayant été aveuglément concédées par l'État à des favoris, étaient alors depuis longtemps abandonnées ; c'est ensuite que pour une houillère il ne peut guère exister de doute sur la présence du combustible en telle ou telle quantité et sur la qualité elle-même. La demande obtenue, on peut presque toujours entrer immédiatement en exploitation. Il n'en est pas de même pour une mine métallique, où souvent de très-grands frais sont à faire avant d'arriver au résultat désiré, c'est-à-dire à la découverte certaine du gîte. Or nous avons vu quelques-uns de nos ingénieurs du corps impérial des mines sembler prendre plaisir à augmenter encore ces frais, ou du moins se montrer plus difficiles que la loi elle-même, en exigeant des demandeurs en concession des travaux de recherches fort coûteux, et jusqu'à une préparation mécanique du minerai, pour s'assurer s'il était utilement exploitable. Eh ! mon Dieu ! laissez les chercheurs se ruiner si tel est leur bon plaisir. La ruine ici ne tombe que sur eux ; elle profite à autrui, et par les travaux que poursuivent ces courageux exploitants ils font vivre souvent toute une pauvre commune. Ne dirait-on pas que l'empereur Napoléon III lui-même avait en vue la suppression de toutes ces mesures dignes d'un autre âge, lorsque dans sa fameuse lettre au ministre d'État, en date du 5 janvier 1860, il écrivait ces remarquables paroles : « Il faut affranchir notre industrie de toutes les entraves intérieures qui la placent dans des conditions d'infériorité ; aujourd'hui nos exploitations sont gênées par une foule de règlements restrictifs ? » Pourquoi faut-il qu'en ce qui regarde notre industrie minérale ces paroles soient jusqu'ici restées à peu près lettre morte? Et en disant ceci, nous n'attaquons que le principe d'une centralisation exagérée, et non le corps de nos ingénieurs des mines, un des plus méritants dont s'honore l'État, et dans lequel nous ne comptons que des protecteurs ou des amis.

Nous ne demandons pas, d'ailleurs, qu'on supprime la loi du 21 avril 1810. Cette loi qui régit nos exploitations minières, qui a créé notre propriété souterraine, mérite peut-être d'être conservée, et il faut, dans tous les cas, se garder de faire pire pour vouloir faire mieux. Bien que la meilleure loi des mines soit de n'en point avoir, comme nous disait un jour l'un de nos ingénieurs les plus expérimentés devenu conseiller d'État, il est juste de reconnaître que la loi de 1810, si elle était appliquée à la lettre, serait assez favorable à nos exploitations; mais elle a été surchargée, hérissée de détails et de sous-détails par l'administration elle-même; les circulaires se sont multipliées sans limites, apportant chaque fois une nouvelle mesure restrictive et paralysant de plus en plus la liberté industrielle. Le but du législateur a été méconnu, et, au lieu de favoriser l'essor de nos exploitations, l'administration n'a tendu qu'à l'arrêter. On a vu, comme nous l'avons dit, l'instruction de demandes en concession durer jusqu'à huit et dix ans; les demandeurs, dégoûtés d'attendre, ont porté leurs capitaux ailleurs. Devant la trop grande sollicitude de l'administration, les chercheurs de mines n'ont plus jeté les yeux que sur celles de l'étranger; ils n'étaient que trop enclins à aller fouiller ces lointains filons, *omne longinquum pro magnifico est.*

Il faut aussi faire la part du profond découragement qui a saisi nos exploitants après des insuccès sans nombre, provoqués soit par le manque d'une connaissance suffisante ou traditionnelle des travaux souterrains, soit par une mauvaise direction financière. On ne veut plus entendre parler en France d'affaires de mines métalliques. Ces entreprises ne sont plus de mode, vous dit-on de tous côtés. Je le crois bien! La plupart du temps on a commencé par exploiter la bourse des confiants actionnaires au moyen des actes de concession eux-mêmes. « Si la mine n'était pas riche, puissante, leur disait-on, si l'extraction n'était pas assurée, l'empereur ne mettrait pas sa signature au bas du décret de concession. Et puis à quoi aurait servi une si longue et si minutieuse enquête? » Et sur ce beau raisonnement, on mettait en actions, au capital de plusieurs millions, une mine qui n'avait pas encore de valeur. Ce sont tous ces inconvénients qu'il s'agit de faire disparaître en établissant, au moins en matière d'industrie minérale, la prompte expédition des affaires, la décentralisation administrative la plus large et la plus complète, et surtout la plus grande liberté possible d'action. On verra peut-être alors nos mines revenir aux glorieuses traditions de leur passé, et la France aura encore comme jadis des modèles d'exploitations à offrir à l'étranger. L'Allemagne, l'Angleterre, ne sont pas les seules contrées classiques des filons; de riches et de nombreuses veines, traversant nos principales montagnes, existent aussi chez nous. La race germaine, la race saxonne, ne sont pas les seules propres au travail des mines et des métaux. Nous montrons, par les succès brillants obtenus dans nos houillères et nos usines sidérurgiques, que nous sommes également aptes à cette industrie. Sur ce point, comme sur tant d'autres, la race gauloise ne démérite pas, bien que moins patiente, moins tenace que ses rivales. Si elle faiblit, si elle succombe par moments, c'est quand les entraves administratives la gênent. Que le gouvernement fasse disparaître ces entraves, cette *foule de règlements restrictifs*, et, grâce à la spontanéité et à la souplesse de l'esprit national, nos mines métalliques deviendront peut-être de nouveau prospères, comme à tant d'époques de notre histoire.

Et en pronostiquant cette prospérité, ce n'est pas seulement une opinion personnelle que nous émettons : les Le Play, les Burat, les Rivot, tous ces savants infatigables dont l'art des mines et la métallurgie française s'enorgueillissent à juste titre, ne pensent pas autrement. M. Rivot, dans ses écrits, s'est plaint à maintes reprises du manque de tradition pour chaque mine, ce qui ne permet guère de rentrer dans de vieux travaux ou de poursuivre les travaux actuels avec un succès certain, si la patience et le courage manquent, si une mauvaise direction financière est imprimée à l'entreprise. A leur tour, M. le Play, M. Burat, ont plusieurs fois demandé que l'on apporte d'intelligentes modifications à la loi des mines ou qu'on l'interprète dans son sens le plus libéral. Le gouvernement lui-même, frappé des inconvénients que présente la loi, va, dit-on, la modifier. Puisse-t-il apporter dans ce travail des vues assez larges pour réduire à néant toutes ces entraves qui arrêtent l'exploitation de nos mines métalliques, et inaugurer enfin chez nous l'ère de la liberté industrielle.

APPENDICE.

§ I.

PRODUCTION MINÉRALE DU ROYAUME-UNI EN 1864.

M. Robert Hunt, chargé de dresser chaque année la statistique de l'industrie minérale du Royaume-Uni, sous la haute direction de sir Roderick Murchison, le fondateur de la géologie anglaise, a fait paraître, en juillet 1865, les états statistiques de 1864. Voici, comme point de comparaison avec ce qu'on vient de lire pour la France, le résumé de ce curieux travail :

En 1864, l'extraction de la houille a atteint dans le Royaume-Uni le chiffre énorme de 93 millions de tonnes, dont 9 millions ont été exportées.

Le district seul de Londres a consommé plus de 2 millions 350 mille tonnes de houille.

En minerai de fer, il a été extrait 10 millions 65 mille tonnes de minerai ; on a tiré en outre 75 mille tonnes de l'étranger. La production a été de 4 millions 768 mille tonnes de fonte, dont 466 mille ont été exportées.

L'exploitation des mines de cuivre a fourni 215 mille tonnes de minerai, qui ont produit 13 mille 300 tonnes de métal. Il a été importé en outre 16,500 tonnes de minerai de tous les pays du monde.

Les mines d'étain ont donné 15 mille 200 tonnes de minerai lavé, d'où l'on a tiré plus de 10 mille tonnes d'étain. Ces mines sont celles du Cornouaille et du Devon, exploitées d'une façon suivie depuis plus de deux mille ans.

En plomb argentifère, 95 mille tonnes de minerai ont produit 67 mille tonnes de plomb, et 641 mille onces d'argent d'une valeur de 4 millions 500 mille francs.

Les mines de zinc ont produit 15 mille tonnes de minerai et 4 mille tonnes de métal.

Les mines d'or, 2336 tonnes de quartz aurifère contenant 2887 onces d'or, d'une valeur de 250 mille francs.

En ajoutant à ces produits minéraux le manganèse, les pyrites de fer, l'arsenic, la baryte, le sel gemme et la terre à porcelaine ou kaolin, on arrive à une somme totale, estimée sur le prix de vente, de 40 millions de livres sterling, soit un milliard de francs. Devant de pareils chiffres tout commentaire devient inutile.

---

§ II.

DE L'ÉPUISEMENT PROCHAIN DE LA HOUILLE.

Le phénomène d'une extraction croissante se retrouve dans tous les grands centres houillers. — Complet épuisement des houillères anglaises dans deux siècles. — La machine à vapeur, qu'alimente surtout le charbon, ne saurait être avantageusement remplacée. — Le combustible de l'avenir.

On a vu (page 18) qu'il avait été démontré par des états statistiques officiels que la production des houillères françaises allait en doublant environ tous les quinze ans, depuis 1815.

On constate le même phénomène économique dans tous les grands pays producteurs : les Iles-Britanniques, l'Amérique du Nord, la Belgique, la Prusse, etc. Ainsi, dans les Iles-Britanniques, la production était, en 1852, de 50 millions de tonnes; en 1864, elle a atteint le chiffre de 93 millions. La Belgique, en 1845, produisait 3 millions et 1/2 de tonnes; en 1860, 7 millions et 1/2, et en 1863, 10 millions. Il serait facile de répéter la même progression ascendante pour les États-Unis, la Prusse, etc.

Si cette progression suit son cours, et rien ne prouve depuis cinquante ans qu'il ne doive pas en être ainsi, on peut donc rationnellement se demander quel combustible remplacera la houille après l'épuisement des mines de charbon, et à quelle époque ces mines elles-mêmes seront épuisées.

La science est jusqu'ici à peu près muette sur la solution du premier de ces problèmes; il n'en est pas de même pour la réponse au second.

La durée de l'exploitation des houillères que les géologues avaient d'abord fixée à des milliers d'années, pour des productions qui n'étaient pas le quart de celles dont il s'agit aujourd'hui, ne dépassera peut-être pas cinq ou six cents ans. On peut même affirmer hautement que dans des pays comme la France, la Belgique, l'Angleterre, la Prusse, incessamment fouillés, l'extraction souterraine du combustible minéral n'ira pas certainement jusqu'à la moitié de cette durée. Ainsi, en septembre 1863, sir William Armstrong, président annuel de l'*Association britannique*, prononçant, à Newcastle, le discours d'inauguration des séances de cette société, démontrait que dans deux siècles toutes les couches de houille du Royaume-Uni seraient entièrement épuisées. Sir Roderick Murchison, présidant à son tour l'Association, a rappelé cette année les calculs de son prédécesseur et en a confirmé les résultats.

Tout au plus pourrait-on porter ce chiffre au double ou au triple pour des États comme l'Amérique du Nord où d'immenses gisements restent presque encore vierges. En Afrique, le combustible minéral est loin d'être abondamment répandu, hormis sur la côte ouest de la grande île de Madagascar. Dans l'Inde, la Birmanie, la Chine, le Japon, l'Australie, la Nouvelle-Zélande, la Nouvelle-Calédonie, le Chili, où il a été également découvert, souvent sur une très-large étendue, il ne pourra jamais suffire, sauf des cas tout exceptionnels, qu'aux consommations locales. D'ailleurs la houille, du moins quand on veut l'appliquer aux grandes opérations industrielles, n'est pas matière de si grand prix qu'elle puisse supporter de très-longs transports, même par mer.

Il est vrai que le chiffre de la consommation dans la plupart des États européens finira bien par diminuer quelque jour, quand tous les réseaux de chemins de fer partout achevés exigeront la fermeture de quelques-unes de nos usines sidérurgiques, quand on aura suppléé par une autre matière au charbon minéral pour la fabrication du gaz d'éclairage ; mais cette diminution dans la consommation sera-t-elle bien notable, et le surplus du combustible exigé par le plus grand nombre de locomotives et de bateaux à vapeur ne viendra-t-il pas détruire en partie d'un côté l'économie produite de l'autre? Qu'on ne parle pas d'ailleurs du reboisement des forêts, ni du combustible végétal pour remplacer un jour la houille comme celle-ci avait remplacé le bois. Le monde avance, il ne recule pas. Peut-être suppléera-t-on dans quelques cas à la houille par le pétrole, dont on a découvert de si vastes gisements aux États-Unis; mais cette matière ne sera jamais aussi abondante que le charbon, et l'extraction n'en sera pas non plus d'aussi longue durée.

Il y a donc, dans l'épuisement certain de nos houillères, épuisement qu'un calcul mathématique dont nous avons maintenant tous les éléments, permettrait presque d'indiquer à jour fixe pour chaque localité, et auquel rien ne semble jusqu'ici pouvoir parer, une question à la fois des plus graves et des plus curieuses. Cette question, sans être pour ainsi dire menaçante pour la génération actuelle et quelques-unes de celles qui la suivront, ne mérite pas moins de fixer dès aujourd'hui l'attention, et appelle le plus sérieux examen. Dans toutes les houillères, la question est même déjà à l'ordre du jour : on s'inquiète des moyens d'extraire le précieux minéral jusqu'à 1,000 mètres et plus de profondeur, et de minces couches de combustible, des qualités de houille médiocres, dont on ne faisait nul cas, il y a vingt ou trente ans, sont aujourd'hui considérées comme parfaitement aptes à l'exploitation et à la vente. On tire parti de tout pour mourir le plus tard possible. On fait les plus grandes économies, on a recours aux mécanismes les plus parfaits, les plus ingénieux, pour rendre le prix de revient minimum.

La machine à vapeur, dont le combustible minéral est à vrai dire le pain quotidien, la machine à vapeur pour laquelle on exploite surtout le charbon, ne saurait elle-même être avantageusement remplacée. Cet admirable et merveilleux engin, tel qu'il est sorti tout entier de la tête de Watt, un des plus grands génies dont s'honore l'humanité, reste, sauf le perfectionnement des détails auquel on travaille tous les jours, le dernier mot de la mécanique moderne. Les recherches récentes entreprises par tant de savants sur l'équivalent mécanique de la chaleur, ne démontrent-elles pas, du reste, que la force que restitue le combustible à la machine à vapeur, n'est que le produit de la chaleur solaire condensée dans le carbone qui a formé la houille, à l'époque des temps géologiques ? Ces mêmes recherches ne prouvent-elles pas que ces trois agents, lumière, chaleur et force, ne sont que les trois manières d'être d'un seul et même agent, et que, par conséquent, vouloir substituer quelque chose à la houille dans le chauffage des chaudières à vapeur, ou compter sur la découverte d'un nouvel agent moteur économique, ce serait vouloir substituer le carbone au carbone, ce qui nous conduit à tourner dans un cercle vicieux, à moins de vouloir employer des matières carbonées, comme le pétrole, dont il a été parlé tout à l'heure? « Ce n'est pas la puissance de la vapeur, — disait le grand ingénieur George Stephenson, en voyant s'avancer un convoi, — qui entraîne cette locomotive, c'est la chaleur solaire ; c'est elle qui a fixé le carbone dans les plantes qui à leur tour ont formé la houille, il y a des millions d'années. » Ainsi rien ne se crée, rien ne se perd dans la nature, pas plus la force que la matière, et les locomotives, comme le disait encore Stephenson, ne sont que les *chevaux du soleil*.

Il est certainement rationnel de chercher une machine calorifère parfaite pour économiser le plus possible, dans la production de la vapeur, sur la consommation de la houille, dont la plus notable partie va se perdant en fumée. L'économie ainsi réalisée serait notable, car souvent on n'utilise pas plus de 10 p. 100 de la puissance calorifique ou motrice du charbon. Quant à l'adoption d'un nouveau moteur, l'expédient qu'on a indiqué quelquefois n'est guère consolant, puisqu'on a proposé les chutes du Niagara pour faire marcher toutes les manufactures du monde qu'on voudrait concentrer dans leur voisinage. On se servirait alors de l'eau, soit directement, soit pour comprimer l'air et obtenir de cette dernière façon le plus avantageux et le plus économique des moteurs. Tout cela est très-bien en théorie, mais peu applicable en pratique. D'ailleurs, imposer le voisinage d'un cours d'eau aux usines, c'est non-seulement remonter vers le passé, mais encore rendre aujourd'hui bien peu d'établissements possibles. Ce n'est que dans des cas tout particuliers, comme celui par exemple du percement du Mont-Cenis, que l'emploi de l'air comprimé devient utilement et économiquement applicable.

On ne saurait non plus opposer aux machines à vapeur les machines électro-motrices auxquelles on avait pensé un moment, il y a quelques années, et qui sont restées et resteront à l'état de jouets mécaniques ; non plus que les machines à gaz, à air dilaté, autour desquelles on a fait récemment tant de bruit. Ces dernières ne consomment-elles pas, pour une force donnée, beaucoup plus de combustible, souvent trois et quatre fois plus que la machine à vapeur ordinaire? Si elles l'emportent quelquefois sur celle-ci, notamment pour de petites forces, par exemple la machine Lenoir, n'est-ce pas simplement à cause de dispositions particulières d'installation, et non à cause de l'économie du combustible qu'elles ne réalisent jamais? Encore moins faut-il songer aux machines par explosion qui, par leur nature même, ne sont guère susceptibles d'application, hormis pour le jet des projectiles. Les machines où l'on voudrait produire la vapeur par frottement consomment plus qu'elles ne donnent ; les machines à vapeurs combinées, si ingénieuses, si bien agencées, n'ont fourni que des preuves négatives (1).

---

(1) On appelle machines à vapeurs combinées celles où l'on emploie la chaleur perdue de la vapeur d'eau, après qu'elle a agi sur le piston du cylindre, à vaporiser un liquide plus volatil que l'eau, tel que l'éther, le chloroforme, etc.,

Ainsi, en l'état de nos connaissances, on ne saurait opposer à la machine à vapeur rien de plus simple et de plus complet. A quoi donc empruntera-t-on la force mécanique quand la houille aura disparu, ou sera devenue trop coûteuse par suite d'une trop grande profondeur au-dessous du sol, et de l'éloignement des derniers gîtes des centres de consommation? Question jusqu'ici insoluble, à moins que l'on n'arrive à utiliser, à condenser l'immense chaleur perdue du soleil, en un mot à *mettre le soleil en bouteilles*, solution que nous indiquait un jour plaisamment un homme familier avec toutes les spéculations de la science. Le charbon, c'est du soleil en cave, disent en ce cas les Anglais. On pourrait aussi revenir aux miroirs d'Archimède, et renouveler à ce sujet les étonnantes expériences de combustion qui ont été refaites par Buffon ou ses disciples sur la foi du géomètre grec; mais ici encore l'essai ne semble guère tout d'abord applicable en pratique. Se servir en industrie du soleil comme combustible avec des miroirs réflecteurs qui en concentrent et renvoient les rayons, n'est-ce pas supposer la présence quotidienne, sinon continue du soleil, ce qui nous reporte à certaines régions particulières du globe où il ne pleut jamais, mais où la vie civilisée n'a guère fait son apparition? Ne sont-ce pas des lieux encore moins propices que les chutes du Niagara à la grande industrie qui anime la société moderne?

Quoi qu'il en soit, c'est dans le soleil sans doute que réside le combustible de l'avenir. Les plus récentes découvertes faites en physique sur la chaleur autorisent cette manière de voir, et elle dérive pour ainsi dire naturellement des curieuses expériences qui, en Allemagne, en Angleterre et en France, ont illustré les noms de tant de physiciens. Qui vivra verra, et l'on peut dire certainement que l'extinction des houillères ne marquera pas la fin du monde, j'entends du monde civilisé. Il y a là comme pour le fer, comme pour tous les métaux, si indispensables aux progrès de la civilisation, une sorte d'*harmonie préétablie* qui a réglé toutes choses bien mieux que celle imaginée par le philosophe allemand. Il faut bien aussi être un peu partisan des causes finales, et si le fer et le charbon, créés pour ainsi

---

qui agit à son tour par sa détente sur un autre cylindre. On économise ainsi jusqu'à 50 et 75 pour 100 de houille. M. du Tremblay, un de nos plus ingénieux mécaniciens, s'est surtout fait remarquer dans l'invention de ces machines; mais il a lutté contre des difficultés presque insurmontables : la nature explosible des liquides employés, et la résistance qu'ils opposent à la condensation dans les températures estivales ou torrides.

dire de tout temps, n'ont réellement été exploités d'une façon active et suivie qu'à notre époque, si bien qu'on peut presque prédire leur disparition prochaine, surtout pour le charbon, qui ne se réemploie pas, qui ne se retrouve pas comme le fer, on peut dire qu'après la houille l'éternelle sagesse qui régit le monde nous fera découvrir quelque chose d'équivalent, fût-ce dans le soleil. C'est donc vers cet astre que devront se tourner les futurs chercheurs, et il en naîtra bientôt par centaines, bien qu'on ne puisse dire encore dans quel sens précis les recherches devront être poursuivies. Le germe de chaque grande invention, inerte pendant des siècles, éclôt à son heure ; et de même que l'éolipyle de Héron d'Alexandrie a attendu, près de deux mille ans, que Savery, Newcomen et surtout Watt naquissent pour en tirer la machine à vapeur, de même les miroirs d'Archimède semblent destinés à montrer aux inventeurs futurs la voie dans laquelle ils devront chercher le nouveau combustible de l'industrie. A ceux qui émettraient des doutes à ce sujet, se fondant sur l'impossibilité d'une telle application du soleil, nous répondrons : « Qui eût jamais pensé, en voyant le couvercle d'une marmite se soulever sous la pression de la vapeur d'eau, qu'il y eût là le germe de la force la plus formidable qui existe ? »

Le soleil est donc sans doute le combustible de l'avenir, et les régions torrides, aujourd'hui presque désertes, verront peut-être quelque jour les peuples civilisés émigrer en masses vers elles comme autrefois les Barbares en Europe. Que ces prévisions paraissent ou non paradoxales, il est certain, on le répète, que le monde ne périra pas faute de charbon ; et si jamais une preuve éclatante aura été donnée d'un Créateur ayant pourvu à tout, ce sera certainement le jour où la découverte d'un nouveau combustible, si ce n'est l'application du soleil aux usages calorifiques industriels, aura illustré l'humanité, fière déjà de tant de grandes découvertes. L. SIMONIN.

(Extrait d'un article publié dans la *Revue des Deux-Mondes*.)

TABLE DES MATIÈRES.

CHAPITRE PREMIER.

LA HOUILLE.

CHAPITRE II.

LE FER.

CHAPITRE III.

LES MÉTAUX AUTRES QUE LE FER.

Pages.

APPENDICE.

§ I.

PRODUCTION MINÉRALE DU ROYAUME-UNI EN 1864.

§ II.

DE L'ÉPUISEMENT PROCHAIN DE LA HOUILLE.

FIN DE LA TABLE DES MATIÈRES.

www.ingramcontent.com/pod-product-compliance
Ingram Content Group UK Ltd.
Pitfield, Milton Keynes, MK11 3LW, UK
UKHW031949260826
14628UKWH00004B/1940

9 782329 228280